Inhalt

Schriftleitung: Jörg Becker, Institut für Wirtschaftsinformatik, Westfälische Wilhelms-Universität Münster, Grevener Str. 91, 4400 Münster; Helmut Krcmar, Institut für Betriebswirtschaftslehre, Universität Hohenheim, Postfach 70 05 62, 7000 Stuttgart 70

Redaktion: Jutta Michely, Institut für Wirtschaftsinformatik (IWi), Universität des Saarlandes, Im Stadtwald, 6600 Saarbrücken 11

Bezugsbedingungen: Einzelband 42,— DM · Abonnementpreis 37,80 DM

Schriftenreihe: ISSN 0582-0545

Bestellnummer dieses Bandes: ISBN 978-3-409-13399-9   ISBN 978-3-322-84583-2 (eBook)
DOI 10.1007/978-3-322-84583-2

Zitierweise: SzU, Band 44, Wiesbaden 1991

"CIM", Vorgangskettenintegration, Unternehmensdatenmodelle und Architektur integrierter Informationssysteme beschreiben wesentliche Aspekte des Schaffens von August-Wilhelm Scheer als Universitätsprofessor für Wirtschaftsinformatik, der im engen Kontakt zur Praxis wirkt. Die Fragen der Integration standen dabei im Mittelpunkt seines Werkes.

Von CIM zur Architektur integrierter Informationssysteme

Der 50. Geburtstag von August-Wilhelm Scheer in 1991 ist für die Herausgeber Anlaß, im vorliegenden Band der Schriften zur Unternehmensführung die zentralen Aspekte der Integration bei Informationssystemen aus verschiedenen Sichten zu beleuchten, und dazu Autoren zu gewinnen, die August-Wilhelm Scheer in besonderer Weise verbunden sind. Der vorliegende Band dokumentiert daher auch das von August-Wilhelm Scheer angeregte wissenschaftliche Schaffen.

In vier Schwerpunkten wird das Thema Integration und Informationssysteme beleuchtet. Helmut Krcmar und Uschi Gröner führen in die Problematik, die mit der Integration verbunden ist, ein. Die beiden Überblicksaufsätze zeigen auf, welche Arten der Integration existieren und wie Anwender sich zu integrierten Informationssystemen stellen.

Integration aus Sicht der Wissenschaft und der Anwender

Insbesondere unter den Stichworten Computer Integrated Manufacturing (CIM) und Logistik werden integrierte Systeme diskutiert. CIM stellt dabei mehr den durchgängigen Informationsfluß in den Vordergrund, die Logistik widmet sich mehr dem Materialfluß. Beide Aspekte sind aber untrennbar miteinander verbunden, wie der Beitrag von Udo Venitz zeigt. Christian Petri berichtet über konkrete Logistik-Lösungen im Pharma-Großhandel.

CIM und Logistik

Den nächsten Schwerpunkt bilden Verfahren und Methoden zum Managen von integrierten Informationssystemen. Die Begriffe Projektmanagement, Tooleinsatz, Informationsmanagement, Informationszentren und CIM-Controlling werden in den Beiträgen von Alexander Pocsay, Wolfram Ischebeck und Claus Helber vor dem Hintergrund langjähriger praktischer Erfahrungen beleuchtet.

Methoden zur Planung, Realisierung und Kontrolle von integrierten Informationssystemen

Den Abschluß des Bandes bildet die Betrachtung der EDV-technischen Aspekte der Integration. Reinhard Brombacher beschreibt, wie Datenbanken zur Gestaltung von zukunftsgerichteten Anwendungssystemen beitragen, Hasso Plattner setzt sich mit Client-Server-Architekturen auseinander, und Jörg Becker versucht, die Frage zu beantworten, inwieweit eine Objektorientierung in der EDV eine organisatorische Objektorientierung unterstützen kann.

Organisatorische und EDV-technische Aspekte der Integration

Die Beiträge zeigen die vielfältigen Facetten, in denen sich Integration manifestiert, speziell beim Einsatz moderner Informationssysteme. Sie präsentieren den State-of-the-art, ordnen die Begriffswelt, beschreiben praktische Erfahrungen und weisen konzeptionell in die Zukunft. Hierin spiegeln sie die Breite der Betrachtungsweise wider, mit der sich auch August-Wilhelm Scheer der Wirtschaftsinformatik widmet.

DIE HERAUSGEBER

Integration in der Wirtschaftsinformatik - Aspekte und Tendenzen

Von Prof. Dr. Helmut Krcmar, Hohenheim

Inhaltsübersicht

1   Ausgangspunkt

Integration ist ein zentraler Begriff der Wirtschaftsinformatik. "Computer Integrated Management"[1], "Vorgangskettenintegration"[2], "Unternehmensdatenmodell"[3] und "Architektur Integrierter Informationssysteme"[4] verdeutlichen die Bedeutung der Integration. Die Wichtigkeit der zusammenhängenden Darstellungen von Informationssystemen und die Wirkungen von Integrations- und Zusammenfassungsmaßnahmen sind Anlaß, im folgenden Beitrag den Auswirkungen des Strebens in der Wirtschaftsinformatik nach Integration nachzugehen. Dazu wird zunächst der Begriff der Integration skizziert. Danach werden vier Aspekte der Integration erläutert, schließlich stellt der Beitrag fünf aus meiner Sicht wichtige Tendenzen der integrativen Bemühungen in der Wirtschaftsinformatik dar.

2   Was ist Integration?

Integration wurde als Begriff schon 1962 von W. Heilmann[5] und 1966 von Mertens[6] in die Diskussion um die Datenverarbeitung eingeführt. Integration ist aber auch ein Begriff in der Wirtschaftsinformatik[7], der wegen seiner zentralen Bedeutung zwar verwandte Inhalte, aber diese in sehr unterschiedlichen Zusammenhängen bezeichnet. Im Rahmen der Wirtschaftsinformatik wird "Integration" auch oft für Zusammenhänge verwendet, die beispielsweise im Rahmen der Organisationstheorie mit "Koordination" bezeichnet werden. Integration wird als "Einbeziehung, Eingliederung in ein größeres Ganzes, Wiederherstellung eines Ganzen und Wiederherstellung einer Einheit" beschrieben[8]. In unserem Zusammenhang ist dieses "Ganze" in der Informationsverarbeitung die betriebliche Realität, die durch die Modellierungsbemühungen abgebildet werden soll. Darüber hinaus ist Integration auch ein Gestaltungsziel, das das Handeln in der betrieblichen Realität leiten kann.

---

1   vgl. Scheer, A.-W.: CIM - Computer Integrated Manufacturing. Der computergesteuerte Industriebetrieb. 4. Aufl., Berlin u. a. 1990.

2   vgl. Scheer, A.-W.: EDV-orientierte Betriebswirtschaftslehre. 4. Aufl., Berlin u. a. 1990.

3   vgl. Scheer, A.-W.: Wirtschaftsinformatik - Informationssysteme im Industriebetrieb. 3. Aufl., Berlin u. a. 1990.

4   vgl. Scheer, A.-W.: Architektur integrierter Informationssysteme. Berlin u. a. 1991.

5   vgl. Heilmann, W.: Gedanken zur integrierten Datenverarbeitung. ADL-Nachrichten, 1962, Heft 24, S. 202 - 213.

6   vgl. Mertens, P.: Die zwischenbetriebliche Kooperation und Integration bei der automatisierten Datenverarbeitung. Meisenheim am Glan 1966.

7   vgl. Heilmann, H.: Integration: Ein zentraler Begriff der Wirtschaftsinformatik im Wandel der Zeit. HMD, 26(1989)150, S. 46 - 58.

8   vgl. Das Deutsche Universalwörterbuch. o. O. 1983, S. 623.

3 Aspekte von Integration

Integration wird in der Wirtschaftsinformatik in ganz unterschiedlichen Zusammenhängen verwendet[9]. Wegen der vielen Verwendungszusammenhänge versuche ich, die Bedeutungsinhalte anhand von vier Aspekten der Integration zu erfassen (vgl. Abbildung 1). Dabei lassen sich der zu vereinende Gegenstand, die die Vereinigung bestimmende Ausrichtung, der Nutzungsbezug der Vereinigung, sowie der Bereich der Vereinigung unterscheiden.

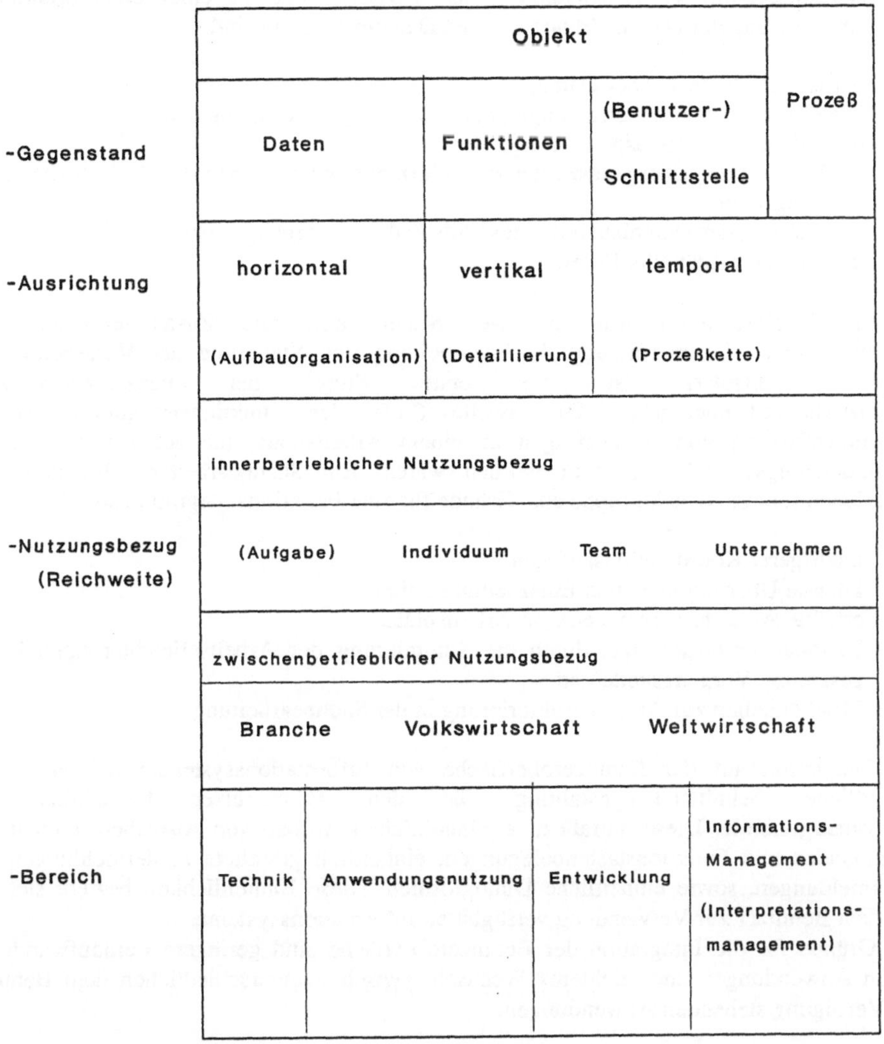

	Objekt			Prozeß
-Gegenstand	Daten	Funktionen	(Benutzer-) Schnittstelle	
-Ausrichtung	horizontal (Aufbauorganisation)	vertikal (Detaillierung)	temporal (Prozeßkette)	
-Nutzungsbezug (Reichweite)	innerbetrieblicher Nutzungsbezug			
	(Aufgabe)	Individuum Team	Unternehmen	
	zwischenbetrieblicher Nutzungsbezug			
	Branche	Volkswirtschaft	Weltwirtschaft	
-Bereich	Technik	Anwendungsnutzung	Entwicklung	Informations-Management (Interpretations-management)

Abbildung 1: Aspekte der Integration

---

9   Vgl. zur Inhaltsanalyse vorgelegter Integrationsbegriffe Heilmann, H: Integration: Ein zentraler Begriff der Wirtschaftsinformatik im Wandel der Zeit. HMD 26(1989)150, S. 46 - 58.

3.1 Gegenstand der Integration

Der als Ganzes (wieder)herzustellende Gegenstand können Daten, Funktion, Benutzeroberfläche und Prozesse sein[10]. Dies führt zu unterschiedlichen Formen von Integration.

Als Datenintegration wird die gemeinsame Nutzung derselben Daten durch mehrere betriebliche Funktionen bezeichnet. Sie legt fest, welche Daten gemeinsam genutzt werden und wie sie redundanzarm und zugriffsfreundlich strukturiert und gespeichert werden können. Datenintegration ohne weitere organisatorische Maßnahmen führt zur Beibehaltung der funktionsorientierten Arbeitsteilung der Vorgänge und zu einer objektorientierten Zusammenfassung der Daten. Gründe für eine Datenintegration sind:

- verbesserte Integrität der Daten,
- Wegfall von Mehrfacherfassungen bei Bewegungs- und Stammdaten,
- redundanzarme Datenspeicherung,
- Verkürzung der Übergangszeiten von Informationen zwischen den Teilschritten einer Vorgangskette,
- Verkürzung der Durchlaufzeit eines vollständigen Vorganges und
- gleiche Aktualität aller Daten.

Funktionsintegration tritt in zwei Stufen auf. Die Zusammenfassung der Grundfunktionen Datenerfassung, Sachbearbeitung und Steuerung der Verarbeitung an einem Arbeitsplatz ist die erste Stufe der Funktionsintegration (Sachbearbeiterdateneingabe). Die zweite Stufe der Funktionsintegration ist die Zusammenfassung von Arbeitsfolgen an einem Arbeitsplatz, die zur Ausnutzung von Spezialisierungsvorteilen getrennt worden waren. Ein Sachbearbeiter führt dann alle Funktionen für eine Objektgruppe aus. Gründe für eine Funktionsintegration sind:

- niedrigerer Koordinationsaufwand,
- kürzere Übertragungs- und Einarbeitungszeiten,
- erhöhte Auskunftskompetenz am Arbeitsplatz,
- Rationalisierungserfolge, durch die Summierung der Arbeitserleichterungen in der gesamten Vorgangskette und
- Möglichkeiten zur Arbeitsstrukturierung in der Sachbearbeitung.

Integration auf der Benutzeroberfläche von Informationssystemen beinhaltet eine einheitliche Schnittstellengestaltung für den Endbenutzer hinsichtlich der Softwareergonomie. Diese umfaßt u. a. einheitlichen Aufbau von Ausgaben, einheitliche Kommandos und Funktionstastenbelegungen, einheitlich gestaltete Fehlermeldungen und Rückmeldungen, sowie einheitliche Dialogformen. Diese Einheitlichkeit bezieht sich auf alle dem Benutzer zur Verwendung verfügbaren Informationssysteme.

Gründe für die Integration der Benutzeroberfläche sind geringere Lernaufwände bei neuen Anwendungen und leichteres Wechseln zwischen unterschiedlichen dem Benutzer zur Verfügung stehenden Anwendungen.

---

10   Anders hier Becker, J.: CIM-Integrationsmodell. Die EDV-gestützte Verbindung betrieblicher Bereiche. Berlin u. a. 1991, der die Gegenstände Daten, Datenstruktur, Modul und Funktion unterscheidet.

Die Integration von Prozessen umfaßt die Zusammenführung von Prozeßschritten. Die Unterscheidung zwischen Funktion (als Elementareinheit) und Prozeß (als Folge von Funktionen) erweist sich als schwierig, da sowohl Funktionen als auch Prozeß Gegenstand von Gestaltungsüberlegungen sind. Funktionen und Prozeße sind daher Artefakte. Bei der Reintegration von vormals aufgeteilten Prozeßschritten zu einer arbeitsplatzbezogenen Einheit spricht man von Funktionsintegration, während man bei der Prozeßintegration vor allem auf die Gestaltung der Schnittstellen zwischen den Prozeßschritten abstellt. Gründe für eine Prozeßintegration sind daher die Vermeidung von Schnittstellenkosten.

Die Objektorientierung[11] stellt sich als eine Integration von zusammenhängenden Daten, Funktionen und Schnittstellen (systemintern oder zum Benutzer) dar. Die Integration von Objekten selbst ist dann in anderer Weise zu leisten.

3.2 Ausrichtung der Integration

Die Ausrichtung der Integration kann in horizontal, vertikal und temporal unterschieden werden.

Unter horizontaler Integration wird die Überbrückung der durch die Aufbauorganisation vorgegebenen Grenzen bezeichnet. Dabei ist die Integration der Daten eine Voraussetzung.

Eine vertikale Ausrichtung der Integration zielt vor allem auf eine Überbrückung unterschiedlicher Detaillierungsgrade ab. Diese Detaillierungsgrade gehen oft mit den hierarchischen Stufen im Unternehmen einher. Diese Form der Integration zielt auf die Verbindung mengenorientierter Abrechnungssysteme mit wertorientierten Informationssystemen mit Berichts- und Kontrollsystemen und Planungssystemen ab.

"Integrierte Datenverarbeitung" bezeichnet unterschiedliche Integrationsausrichtungen. In der Informationssystempyramide[12] werden die Ausrichtungen horizontal und vertikal zusammen dargestellt. Während die horizontale Integration die durch die Aufgliederung der Organisation in verschiedene Funktionalbereiche entstandenen Schnittstellen zu überbrücken versucht, hat die vertikale Integration (Integrierte Datenverarbeitung i. S. von Mertens/Griese[13]) das Ziel, die unterschiedlichen Detaillierungsgrade in Informationssystemen aufeinander abzustimmen.

Eine temporale Integration bezieht sich auf die Kette der zeitlich aufeinanderfolgenden Funktionsausübungen (Prozeß). Sie hat vor allem die zeitliche Gestaltung des Ablaufs zum Gegenstand. Die oben beschriebene Prozeßintegration dient der Durchführung der temporalen Integration[14].

---

11   vgl. Meyer, B.: Object-oriented Software Construction. Englewood Cliffs 1988; Coad, P.; Yourdon, E.: Object-oriented Analysis. Englewood Cliffs 1990; s. auch Kapitel 4.1.

12   vgl. Scheer, A.-W.: Wirtschaftsinformatik - Informationssysteme im Industriebetrieb. 3. Aufl., Berlin u. a. 1990, S. 3.

13   vgl. Mertens, P.; Griese, J.: Industrielle Datenverarbeitung I: Administration- und Dispositionssysteme. 7. Aufl., Wiesbaden 1988.

14   Vgl. dazu weiter unten Kap. 4.2.

3.3   Nutzungsbezug der Integration

Der Nutzungsbezug der Integration kann auch als Reichweite bezeichnet werden.

Innerbetriebliche Nutzungsbezüge lassen sich in Aufgabe, Individuum, Team und Unternehmen unterscheiden. So erfordert eine Aufgabenintegration, alle für die Durchführung der Aufgabe erforderlichen Sachmittel bereitzustellen. Beim Nutzungsbezug auf das Individuum stehen integrierte Benutzeroberflächen und Executive Support Systems[15] als arbeitsplatzbezogene integrierte Unterstützungssysteme im Vordergrund. Wenn der Nutzungsbezug das Team ist, sind die im Team ablaufende Arbeitsprozesse bzgl. ihrer zeitlichen und lokalen Erstreckung zu unterstützen. Der Nutzungsbezug Unternehmen führt zu einer unternehmensweiten Sichtweise auf die Gegenstände der Integration.

Als zwischenbetriebliche Nutzungsbezüge lassen sich die zwischen Unternehmen individuell zu bestimmende zwischenbetriebliche Integration, eine Branche, eine nationale Volkswirtschaft und die Weltwirtschaft unterscheiden. Im Bereich der zwischenbetrieblichen Integration spielt vor allem die Standardisierung eine große Rolle. Sie erleichtert die aufwendige individuelle Gestaltung der Integration zwischen Unternehmen durch Befolgung von Standards und erlaubt, die Reichweite der Integration auf eine Branche auszudehnen.

3.4   Bereich der Integration

Von einer Integration können die Bereiche Technik, Anwendungsnutzung, Entwicklung von Informationssystemen und Informationsmanagement betroffen sein.

Die Integration im Bereich der Technik bezieht sich vor allem auf die in der Informatik üblichen Formen der Integration, auf die Verknüpfung unterschiedlicher Hardwaresysteme, auf die Kopplung von Hardwaresystemen unterschiedlicher Hersteller und auf die Multimediaintegration.

Die Anwendungsnutzung als Integrationsbereich wird oftmals mit dem Namen "integrierte Datenverarbeitung" bezeichnet.

Der Integrationsbereich Entwicklung von Informationssystemen bezeichnet die Verbindung von Methoden und Werkzeugen über alle Phasen des Lebenszyklus von Informationssystemen.

Der Bereich Informationsmanagement bezieht sich auf die Dualität von physikalischer Eigenschaft der Information und Erfordernis der Sinngebung als zu verbindende Aufgaben des Informationsmanagement.

Diese vier Bereiche weisen, da sie ganz unterschiedliche Aufgaben verfolgen, auch sehr unterschiedliche Integrationsverständnisse auf.

---

15   vgl. Krallmann, H.; Rieger, B.: Vom Decision Support System (DSS) zum Executive Support System (ESS). HMD, 24(1987)138, S. 28 - 38.

3.5 Zusammenfassung von Aspekten - Komplexe Integrationsbegriffe

Die verschiedenen Ausprägungen der Aspekte Gegenstand, Ausrichtung, Nutzungsbezug und Bereich zeigen, daß sich außerordentlich viele Ansatzpunkte für Integrationsbemühungen ergeben. Der Integrationsgedanke legt es nahe, nicht nur einzelne Ausprägungen der Aspekte, sondern Cluster von Ausprägungen zu betrachten. Dies wird auch an heute gebräuchlichen Begriffsverwendungen deutlich, die meist komplexere Begriffsbildungen darstellen.

Darüber hinaus sind die Ausprägungen der Aspekte nicht unabhängig voneinander. Die temporale Ausrichtung der Integration ist eng mit dem Integrationsgegenstand Prozeß verknüpft. Die Datenintegration wird als Unternehmensdatenmodell mit dem Nutzungsbezug Unternehmen verbunden. Im Bereich der Anwendungsintegration werden die Gegenstände Daten, Funktionen, Oberfläche und Prozeße unternehmensweit betrachtet. Der Umfang dieses Bereichs führt zur Betrachtung von Informationsarchitekturen, um die Komplexität der Vereinigung dieser Aspekte handhabbar zu halten.

Die entstehende Komplexität macht den Detaillierungsgrad der Integrationsüberlegungen zu einem Abwägungsproblem, in das vor allem Nutzungsbezug und Anzahl der Gegenstände eingehen.

4 Tendenzen in der Integration

Die vielen möglichen Ansätze für Integration in der Wirtschaftsinformatik lassen es ungeeignet erscheinen, alle Kombinationen im Detail zu untersuchen. Die fünf im folgenden beschrieben Tendenzen verdeutlichen offene Fragen und zeigen aus meiner Sicht die Richtungen für Weiterentwicklungen der Integrationsbemühungen auf.

Durch die Weiterentwicklung ergeben sich sowohl die Ablösung bisheriger Fragestellungen der Integration als auch die Addition zusätzlicher Integrationsfragestellungen. Obwohl sich durch technische und organisatorische Entwicklungen manche Integrationsfragestellung über die Zeit "erledigt" hat, ist vor allem durch Veränderungen der organisatorischen Umwelt ein Anwachsen der Integrationsfragestellungen zu beobachten.

4.1 Objektorientierung

Unter Objektorientierung[16] wird die Zusammenfassung von Daten, Funktion und Oberfläche/Schnittstelle zu einem Objekt verstanden, das mit anderen Objekten über Nachrichten kommuniziert. Kennzeichnend ist die Beziehung zwischen den Objekten durch Vererbung und Klassifikationshierarchien. Objekte selbst können wieder Gegenstand von Integration sein.

Der Ansatz, eine Vereinigung bereits bei einzelnen elementaren Gegenständen und nicht für eine ganze Gegenstandsklasse durchzuführen, läßt die Frage entstehen, ob dann für

---

16   vgl. Meyer, B: Object-oriented Software Construction. Englewood Cliffs 1988; Coad, P.; Yourdon, E.: Object-oriented Analysis. Englewood Cliffs 1990.

betriebliche Informationssysteme andere Aufgabenstellungen und Lösungsvorschläge im Integrationsbereich Anwendung und dem Nutzungsbezug Individuum, Team und Unternehmung entstehen. Indem man Objekte als unabhängige Aktoren betrachtet, verschieben sich die Integrationsbemühungen zur Gestaltung von Koordinationsbeziehungen zwischen den Objekten der Integration.

Darüber hinaus ist zu untersuchen, inwieweit sich zwischen Informationssystemen, die nach den Prinzipien der Objektorientierung gestaltet wurden und solchen, die "klassisch" unter Trennung von Daten, Funktion und Prozeß gestaltet wurden, technische und organisatorische Koexistenz oder Ausschließlichkeit ergibt. Eine Antwort auf diese Frage bestimmt, die Ablösungsstrategie für heute bestehende integrierte Informationssysteme.

4.2   Prozeßorganisation, Vorgangskettenintegration und Informationslogistik

Bisherige Integrationsbemühungen mit horizontaler und vertikaler Ausrichtung werden heute erweitert um die temporale Ausrichtung der Integrationsmaßnahmen. Diese als Vorgangskettenintegration[17], Prozeßorganisation[18] oder Informationslogistik[19] bezeichnete Sichtweise zielt auf die zeitliche Abstimmung aller im Rahmen des betrieblichen Leistungserstellungsprozesses erforderlichen informatorischen Aktivitäten.

Dabei wird die Informationsversorgung als ein logistische Problem definiert und es wird gefordert, die Grundprinzipien der Logistik auf die Informationsversorgung im Unternehmen zu übertragen. In der Literatur lassen sich drei Sichten aufzeigen, die mit dem Begriff Informationslogistik[20] belegt werden:

(1)   Informationslogistik als Informationsversorgung mit externen Informationen
(2)   Informationslogistik als innerbetriebliche Prozeßgestaltung
(3)   Informationslogistik als zwischenbetriebliche, branchenspezifische Prozeßgestaltung.

Vor allem die beiden letzten Sichten lassen sich als Integrationsansätze mit unterschiedlichem Nutzungsbezug verstehen.

Die Informationslogistik als innerbetriebliche Prozeßgestaltung[21] stellt die (innerbetrieblichen) Informationsdurchlaufzeiten in den Vordergrund. Sie befaßt sich mit der Optimierung von Informationsverfügbarkeit und Informationsdurchlaufzeiten. Als logistisches Prinzip für Informationen formuliert Augustin[22] : Die richtige Information

---

17   vgl. Scheer, A.-W.: EDV-orientierte Betriebswirtschaftslehre. 4. Aufl., Berlin u. a. 1990, S. 43.

18   vgl. Striening, H.-D.: Prozeß-Management: Versuch eines integrierten Konzeptes situationsadäquater Gestaltung von Verwaltungsprozessen. Frankfurt u. a. 1988.

19   vgl. Augustin, S.: Information als Wettbewerbsfaktor. Informationslogistik - Herausforderung an das Management. Köln 1990; Krcmar, H.: Informationslogistik der Unternehmung - Konzept und Perspektiven. Arbeitspapier Nr. 21. Lehrstuhl Wirtschaftsinformatik Universität Hohenheim. Stuttgart 1991.

20   Vgl. zum folgenden Krcmar, H.: Informationslogistik der Unternehmung - Konzept und Perspektiven. Arbeitspapier Nr. 21. Lehrstuhl Wirtschaftsinformatik Universität Hohenheim. Stuttgart 1991.

21   Vgl. im einzelnen   Augustin, S.: Information als Wettbewerbsfaktor. Informationslogistik - Herausforderung an das Management. Köln 1990; Augustin, S.: Informationslogistik - worum es wirklich geht! io Management 59(1990)9, S. 31 - 34.

22   vgl. Augustin, S.: Information als Wettbewerbsfaktor. Informationslogistik - Herausforderung an das Management. Köln 1990, S. 23.

(vom Empfänger verstanden und benötigt) zum richtigen Zeitpunkt (für die Fällung von Entscheidungen ausreichend) in der richtigen Menge (so viel wie nötig, so wenig wie möglich) am richtigen Ort (beim Empfänger verfügbar) in der erforderlichen Qualität (ausreichend detailliert, wahr und unmittelbar verwendbar). Nach diesem Verständnis zielt Informationslogistik ausschließlich auf strukturierte oder strukturierbare Aufgaben und fordert die integrierte, zeitorientierte Gestaltung betrieblicher Abläufe.

Die Informationslogistik als zwischenbetriebliche, branchenspezifische Prozeßgestaltung[23] entsteht aus der Unterscheidung von Realgüter-, Finanz- und Informationsströmen, die Unternehmen miteinander verbinden. Unternehmen kombinieren diese drei Ströme miteinander. Logistikunternehmen konzentrieren sich dagegen auf logistische Leistungen für Realgüter, Nominalgüter und Informationen. Durch die Einbeziehung vor allem der zwischenbetrieblichen Informationsströme erhält Informationslogistik hier eine eher verkehrsbetriebliche Sicht. Informationslogistiker sind beispielsweise die Bundespost Telekom oder Anbieter von Value-Added-Networks. Die Aufgaben solcher Logistikpartner können sich auch auf dem Gebiet der Informationslogistik dem komplexen Dienstleistungs- und Transportservicebündel annähern, das heute Speditionen auf dem Gebiet der Realgüterströme und Banken auf dem Gebiet der Nominalgüterströme bieten. Diese Sichtweise führt zu Unternehmen, die zwischenbetriebliche Informationssysteme (Netzwerkdienste, Systembetreiber) betreiben und erklärt die Veränderung von DV-Herstellern zu Systemanbietern, Systemhäusern und Systembetreibern.

Die Betrachtung der temporalen und ablaufbezogenen Aktivitäten im Rahmen der Informationslogistik zeigt die Notwendigkeit, innerbetriebliche und zwischenbetriebliche Reichweiten der Integration gemeinsam zu erfassen. Sie verdeutlicht auch die enge Beziehung, die zwischen dem Wettbewerbsfaktor "Zeit" und der Integration besteht.

4.3   Computer Aided Team (CATeam)

Heute werden in zunehmendem Maße Teams gebildet, die die örtlich und zeitlich verteilte Erledigung der für den Geschäftsbetrieb erforderlichen Tätigkeiten besorgen und an denen Mitarbeiter unterschiedlicher Spezialisierungen an verschiedenen Standorten beteiligt sind. Damit gewinnt der Nutzungsbezug "Team" größere Bedeutung. Während mit Personal Computing, integrierten Arbeitsplatzunterstützungssystemen und auch Executive Support Systemen für den Nutzungsbezug "Individuum", mit integrierter Datenverarbeitung mengenorientierte und wertorientierte Informationssysteme für den Nutzungsbezug "Unternehmen" und mit den Entwicklungen im Bereich des Electronic Data Interchange für den Nutzungsbezug"Branche" integrierte Unterstützungsansätze vorliegen, sind für den Nutzungsbezug "Team" bisher kaum integrierte Ansätze vorhanden.

Die Unterstützung der Gruppenarbeit ist eine Aufgabenstellung, die sich von der administrativen Datenverarbeitung und der individuellen Datenverarbeitung unterscheidet. In Gruppenarbeit geht es um ein komplexes Geflecht von individuellen und gemeinschaftlichen Tätigkeiten, die sich über die Zeit erstrecken, einander abwechseln und verteilt sind. Die Forschungsrichtung, die sich mit der Unterstützung für die Gesamtheit von Arbeitsprozessen in Gruppen beschäftigt, wird mit Begriffen wie work group collaboration,

---

23   vgl. Szyperski, N: Die Informationstechnik und unternehmensübergreifende Logistik. In: Integration
       und Flexibilität. Hrsg: D. Adam, H. Backhaus, H. Meffert, H. Wagner. Wiesbaden 1990.

Computer Supported Cooperative Work (CSCW), computergestützte Gruppenarbeit oder Computer Aided Team (CATeam) bezeichnet.[24]

Das CATeam-Konzept[25] zielt auf die Verbesserung der Produktivität der Gruppenarbeit durch die Verwendung von computerunterstützten Werkzeugen. CATeam unterstützt sowohl die Kommunikation zwischen den Individuen, als auch die Problemlösung auf der individuellen und Gruppenebene. Kommunikation bezieht sich auf den Informationsaustausch zwischen Personen, etwa in Form von Notifikationen und Klärungen. Problemlösung bezieht sich auf die Informationsverarbeitung für Zwecke der Planung, Überwachung, Verhandlung und des Entscheidens. Damit sol Computerunterstützung für Gruppen unterschiedlichster Zwecke, für Entscheidungs- und Planungsprozesse, für die Problemlösung, für die Kommunikation und die Metaproblemlösung bereitgestellt werden. Konzepte und Werkzeuge des CATeam versuchen, die gesamte Gruppenaufgabe ganzheitlich über alle Phasen des Problemlösungsprozesses und über alle Mitglieder integriert zu unterstützen.

Heute stehen zur Unterstützung viele, voneinander unabhängige Werkzeuge zur Verfügung. Sie werden oft mit dem Namen "Groupware"[26] bezeichnet. Zu groupware gehören u.a. Software für die Sitzungsunterstützung, Werkzeuge für die Sitzungsmoderation, Group Decision Support Systems, Terminkalender-Management für Gruppen, Projektmanagement-Software, Audio- oder Videokonferenzen, Screen-Sharing, Spontaninteraktion durch Nachrichtenaustausch im Rechnernetz, Mehrfachautoren-Software, Electronic Conferencing und Bulletin Boards, Konversationsstrukturierung und electronic mail. Diese Werkzeuge sind heute weder technisch noch organisatorisch noch inhaltlich-konzeptuell miteinander verbunden. Im Rahmen der Zusammenführung der verschiedenen Ansätze ist dabei die Integration der inhalts- und kommunikationsorientierten Werkzeuge auf der einen Seite und die Integration über die asynchrone und synchrone Phase der Gruppenarbeit von besonderer Bedeutung. Dazu ist sowohl die Integration von Darstellungsformen (Text in der email-Nutzung, Video in der Videokonferenznutzung und Papier/Grafik in der Sitzungsnutzung) im Rahmen der Multimediaintegration als auch die der verwendeten Werkzeuge (email zur Kommunikation, Anwendungssoftware/Projektsteuerungssoftware) im Rahmen einer ganzheitlichen, konzeptuellen Unterstützung zu leisten. Die Nutzungsform CATeam stellt so das noch fehlende Glied im Rahmen der integrativen Unterstützung aller Nutzungsbezüge dar.

Neben dieser Integrationsfragestellung selbst liegt auch die Erfordernis ganzheitlicher Forschung vor. Dabei sind drei Aufgaben der CATeam-Forschung[27] zu verbinden:

(1)   Verbesserung des Verständnisses der Gruppenarbeit,
(2)   Entwurf und Bau von Prototypen für Werkzeuge zur Unterstützung der Gruppenarbeit,
(3)   Evaluierung der Werkzeuge.

---

24   vgl. Krcmar, H.: Computerunterstützung von Gruppen - Neue Entwicklungen bei Entscheidungsunterstützungssystemen. Informationsmanagement, o. Jg.(1988)3, S. 8 - 15; Computer-Supported Cooperative Work - A Book for Readings. Hrsg: I. Greif. San Mateo 1988.

25   vgl. Krcmar, H.: A framework for CATeam research. Proceedings of the 1st European Conference on Computer Supported Cooperative Work. London 1989, S. 421 - 435.

26   vgl. Lewe, H.; Krcmar, H.: Groupware. Das aktuelle Stichwort. Informatik-Spektrum 14(1991)3; Johansen, R.: Groupware Computer Support for Business Teams. New York 1988.

27   vgl. Krcmar, H.: CSCW State of the Art. Past Achievements and Future Directions. erscheint in: Proceedings of the IVth International Conference on Human-Computer Interaction (HCI). Stuttgart 1991.

Im Rahmen der Verbesserung des Verständnisses der Gruppenarbeit sind wirtschafts- und sozialwissenschaftliche Erkenntnisse zu verwerten; allerdings ist vieles, was wir heute über Gruppen wissen, ohne die Berücksichtigung der Computerunterstützung erforscht worden. Vieles deutet daraufhin, daß unser Wissen über die Gruppenarbeit deswegen der Überarbeitung bedarf. Da die zur Unterstützung verwendeten Werkzeuge erst zu erstellen sind und dann als Artefakte unsere eigenen Vorstellungen über die Gruppenarbeit verkörpern, ist der Einsatz und die Nutzungschance solcher Werkzeuge durch eine Bewertung und Evaluierung zu begleiten. Gleichzeitig ändern sich so Verständnis und Gestaltungsmöglichkeiten der Gruppenarbeit selbst. Daher sind alle drei Aufgaben gleichzeitig, wenn auch nicht von den gleichen Personen, so doch im Team zu verfolgen. Daher ist ein integrierter Forschungsansatz erforderlich.

Ähnlich wie die Informationslogistik auf der Ebene operativer prozeßbezogener Informationssysteme zum Gegenstand wird, so kann CATeam auf dem Bereich der Gruppenunterstützung die Gegenstände und Ausrichtungen einer vollständigen Integration realisieren.

4.4 Informationsarchitekturen aus ganzheitlicher Sicht auf betriebliche Informationssysteme

In der Hohenheimer Informationsmanagement Studie wurde die Aufgabe der Entwicklung der Informationssystem-Architektur, umschrieben als die Entwicklung eines Rahmenplanes, der die Beziehungen aller Informationssysteme zueinander unternehmensweit verdeutlicht, zwischen "wichtig" und "sehr wichtig" eingeordnet[28]. In einer entsprechenden amerikanischen Rangliste wurde die Aufgabe "Informationsarchitektur" als wichtigste Aufgabe bezeichnet.

Die zunehmende Durchdringung des Unternehmens mit Datenverarbeitung erfordert, möglichst alle Aspekte der Informationssystemversorgung des Unternehmens gleichzeitig zu gestalten und darzustellen. Informationssystemarchitekturen (ISA) werden dazu als geeignet angesehen.

Gleichzeitig setzt die informationslogistische Betrachtung der Informationsverarbeitung im Unternehmen eine sorgfältige Planung aller Informationssysteme voraus. Der dabei entstehende Generalbebauungsplan wird auch als Informationssystem-Architektur bezeichnet. An die große Aufmerksamkeit, die dem Architekturbegriff entgegengebracht wird, knüpft sich unter anderem die Hoffnung, mit dem Architekturentwicklungsprozeß im Unternehmen Antworten auf grundlegende Fragen des Informationsmanagement geben zu können.

Die Betrachtung des Begriffs "Architektur", wie er in den Bereichen der traditionellen Architektur, Hersteller, Anwender und DV-Literatur verwendet wird, offenbart unterschiedliche Grundverständnisse[29]. Im Bereich der traditionellen Architektur geht es um Funktionalität, Struktur, Ästhetik und schließlich die Abhängigkeit von Kultur und Epoche. Im Bereich der Hersteller geht es um die Verbindung von Hardware und Software-Produkten, das Zeigen von Flexibilität, die Einordnung in Standards und die Struktur dieser Teile. Hersteller verstehen unter Architekturen Standards und Normen sowie Bedingungen,

---

28   vgl. Krcmar, H.: Informationsmanagement - Zum Problembewußtsein deutscher DV-Leiter. Wirtschaftsinformatik, 32(1990)2, S. 127 - 135.

29   Vgl zum folgenden Krcmar, H.: Bedeutung und Ziele von Informationssystem-Architekturen. Wirtschaftsinformatik, 32(1990)5, S. 395 - 402.

die es erlauben, ihre Produkte in ein sinnvolles Ganzes zu ordnen, während Anwender unter Architekturen Systeme und Strukturen verstehen, die sie bei der Erfüllung der Unternehmensziele unterstützen. In der DV-Literatur wird auf die Modularität, Strukturgebung, Strategieorientierung und schließlich die Ganzheitlichkeit einer Informationssystem-Architektur verwiesen. Gleiche Bezeichnungen werden so mit unterschiedlichen Inhalten belegt. Allen gemeinsam ist die Forderung nach visuellen Darstellungen sowie das Ziel, das Zusammenpassen von Widersprüchen von Zielen organisatorischer und technologischer Gestaltungsmöglichkeiten in einer Art und Weise zu erlauben, die das Ganze im Blickwinkel hat.

Unterschiedliche Vorschläge versuchen, diesen Anforderungen an die integrative Betrachtung von Informationssystemen gerecht zu werden. So schlägt bspw. Scheer[30] eine Informationssytemarchitektur vor, die an den Komponenten Datenbasis, Ablaufsteuerung und Anwendungssoftware ausgerichtet, eine Unterscheidung nach Fachkonzept, DV-Konzept und Implementierung ermöglicht. Krcmar versucht zu zeigen, daß nur eine Sicht ganzheitlicher Informationssystemarchitekturen in der Lage ist, grundlegende Antworten auf Fragen des Informationsmanagement zu geben. Diese Integration zerlegt die gesamte Informationssystemarchitektur in mehrere Schichten und weist auf unterschiedliche Repräsentationen des Informationssystems hin.

Die Darstellung von Informationssystem-Architekturen als Kreisel[31] versucht zu zeigen, daß nur die Abstimmung aller Schichten aufeinander und Sichten zueinander zu einer, die Unternehmenziele unterstützenden Informationssystem-Architektur führt. Die Analogie zu einem Kreisel ist absichtlich: wird auch nur eines der Teile entfernt, gerät das Ganze "aus dem Gleichgewicht". Eine wichtige Aufgabe ist das Ausbalancieren aller Teile, die die Informationssystem-Architektur bilden. Die Darstellung einer ISA als Kreisel orientiert sich am Prinzip der Ganzheitlichkeit und erlaubt durch die Darstellung unterschiedlicher Objekte und die Berücksichtigung unterschiedlicher Zielgruppen eine entsprechende Zweckorientierung. Sie verwendet die in der Datenverarbeitung übliche Sprachweise von Sichten und schichtet das Gesamtobjekt in unterschiedliche Ebenen.

Diese Vorstellung von einer Informationssystem-Architektur enthält nicht nur die Technologie-Infrastruktur als Grundlage von Informationssystemen sowie die Architektur der Sichten Daten, Anwendungen und Kommunikation, sondern beinhaltet auch die Geschäftsziele und die daraus abgeleiteten organisatorischen Strukturen als wesentliche an der Architektur beteiligte Elemente. Anwendungs-, Daten- und Kommunikations-Architektur bilden dabei einen Puffer, der die Aufgabe hat, zwischen den sich möglicherweise schnell verändernden Geschäftsstrategien mit den daran angepaßten Prozeß- und Aufbauorganisationselementen und der längerfristig festgelegten Technologieinfrastruktur zu vermitteln. Die Flexibilität als Zielsetzung der Architekturentwicklung verdeutlicht, daß nur eine Betrachtung aller Teile zu vernünftigen Informationssystem-Architekturen führen kann.

Das dem Begriff der Informationssystem-Architektur entgegengebrachte Interesse verdeutlicht die Aufgabe der Integration zwischen technischen Möglichkeiten der Informations- und Kommunikationstechnik und der wirtschaftlichen Nutzung. Es ist erforderlich, zwischen der auf Grund der Aufwände erforderlichen Langfristigkeit der Nutzung der Informationssystem-Architekturen und den immer schnelleren Wandlungen der Geschäftsbeziehungen einen Puffer einzuführen, der es erlaubt, den Rahmen künftigen

---

30   vgl. Scheer, A.-W.: Architektur integrierter Informationssysteme. Berlin u. a. 1991.
31   vgl. Krcmar, H.: Bedeutung und Ziele von Informationssystem-Architekturen. Wirtschaftsinformatik, 32(1990)5, S. 395 - 402.

geschäftlichen und informationstechnologischen Handelns festzulegen. Diese Pufferfunktion zwischen DV-Infrastruktur und DV-Nutzung erhofft man sich von der Entwicklung von Informationssystem-Architekturen.

Unabhängig von den konkreten Zwecksetzungen für Architekturprojekte bleibt unbestritten, daß das Ganze nur aus jeweils einer Perspektive gesehen werden kann. Damit stellen Informationssystemarchitekturen einen weiteren Versuch dar, die ganzheitliche Betrachtung der betrieblichen Informationssysteme zu leisten. Sie stellen, anders als die temporale Sicht der Informationslogistik und die bezüglich der Reichweite eingeengte Sicht von CATeam, eine strukturelle Integrationsform dar.

4.5　Informationsmanagement als Technologie und Managementdisziplin

Information ist sowohl aus inhaltlicher als auch aus physischer Sicht zu betrachten. Beide Sichten sind nicht voneinander trennbar. Diese Dualität von Interpretation für Handlung und physischem Produktionsprozeß stellt die Integrationsaufgabe des Informationsmanagement dar, das aus diesen scheinbar widerstrebenden Tendenzen eine Ganzheit (wieder)herstellen muß.Informationsmanagement ist sowohl Technologiedisziplin als auch Führungsdisziplin.[32]

Die Aufgaben des Informationsmanagement lassen sich in Aufgaben des Interpretationsmanagement von Information, Informationsmanagement als Management der Informationssysteme und Management der Informations- und Kommunikationstechnologie unterscheiden. Dabei ist jedoch zu beachten, daß die implizite Annahme eines Schichtenmodells, nämlich die der Unabhängigkeit zwischen den Schichten und damit die der Möglichkeit der Reduktion der Schichteninterdependenz auf Anforderungs- und Leistungsbeziehungen zwischen den Schichten, zumindest derzeit empirisch nicht besteht und die Trennung zwischen den Schichten mehr eine gedankliche Trennung als eine unmittelbar physisch offensichtliche ist. Darüberhinaus wird diese Unterscheidung von Information, Informationssystem und Informations- und Kommunikationstechnik als Gegenstand im Sprachgebrauch wohl nicht konsequent durchgehalten. Daher macht die Gliederung der Managementobjekte in die Verwendung von Informationen (incl. Interpretation und Schlußfolgerungen), Produktion von Informationen sowie Erstellung und Sicherstellung der Infrastruktur vor allem Sinn, solange sie zum Zwecke der Komplexitätsreduktion gemacht wird.

Das Management der Informationen ist aber nicht gleich dem Management der Informations- und Kommunikationstechnologie. Dieses Informations- und Kommunikationstechnologiemanagement ist das Management der physikalischen Medien, auf denen Information gehalten wird. Da sich jede Information auf einem solchen Medium befindet, ist sie mit diesem Objekt sehr eng verbunden und dabei in vielen Fällen nicht mehr offensichtlich trennbar. Das Management von Information hat aber auch die Aufgabe, Einflüße aus der Umgebung inhaltlich aufzunehmen. Wichtig ist dann die Frage, wie das Informationsmanagement in allen drei Aspekten mit Umwelteinflüssen umgeht. Dabei wird Informationsmanagement als Interpretationssystem einer Organisation verstanden. Das Verständnis von Informationsmanagement als Interpretationssystem erlaubt zum einen die Sichtweise des Informationsmanagement mit den physischen Prozeßen der Informationsaufnahme, -verarbeitung, -speicherung und -abgabe als Gegenstand und zum

---

32　vgl. Krcmar, H.: Annäherungen an Informationsmanagement - Managementdisziplin und/oder Technologiedisziplin. In: Managementforschung. Hrsg: W. Staehle u. a. Berlin 1991.

anderen die Sichtweise des Informationsmanagement als inhaltliches Interpretationssystem. Dann sind Gegenstand des Informationsmanagement auch Interpretation, Sinngebung und Management des Wechsels.

Daraus wird deutlich, daß auch das Informationsmanagement sich einer Integrationsaufgabe stellen muß. Sie besteht zwischen dem Sicherstellen der richtigen Interpretation der Daten und dem Verfolgen unternehmensadäquater informationslogistischer Maßnahmen.

5   Offene Fragen

Die fünf beschrieben Tendenzen zeigen, daß der Ansatz der Integration von Informationssystemen auch weiterhin viele Fragen aufwerfen wird. Zu den offenen Fragen gehören, neben der Umsetzung der Tendenzen Objektorientierung, Informationslogistik, CATeam, Informationssystemarchitekturen und Informationsmanagement selbst, unter anderem

-    die empirische Prüfung von Nutzen und Kosten der Integration, vor allem als Untersuchung branchenspezifischer Kosten/Nutzenverläufe und auch als Bestimmung der Grenzen von Ganzheitlichkeit,
-    die Untersuchung der Beherrschbarkeit der Komplexität und Interdependenzen integrierter Informationssysteme und die Entwicklung von Verfahren zur Beherrschung,
-    die Entwicklung von Ansätzen zur wirtschaftlichen Renovierung integrierter Systeme, insbesondere der Untersuchung der Koexistenz objektorientierter und nicht-objektorientierter Systeme,
-    die Untersuchung des Verhältnisses von Integrationsstreben und organisatorischem Wandel sowie
-    die Entwicklung von Verfahren zum Erreichen von Integration bei Informationssystemarchitekturen.

Gleichzeitig weisen die vielen Aspekte der Integration auf die Gestaltungsaufgabe der Wirtschaftsinformatik hin. Die Veränderung der Vorteilhaftigkeit von Organisationsformen resultiert auch aus veränderten Möglichkeiten der Integration. Dann führen Verschiebungen technologischer Art zu Veränderungen im Vorrang der verschiedenen Aspekte der Integration und haben direkte Wirkungen auf die Organisation des Unternehmens. Die Betrachtung der Integration bleibt daher im Zentrum der technologischen und organisatorischen Gestaltungsaufgabe der Wirtschaftsinformatik.

Literaturverzeichnis

Augustin, S.:
Information als Wettbewerbsfaktor. Informationslogistik - Herausforderung an das Management. Köln 1990.

Augustin, S.:
Informationslogistik - worum es wirklich geht! io Management 59(1990)9, S. 31 - 34.

Becker, J.:
CIM-Integrationsmodell. Die EDV-gestützte Verbindung betrieblicher Bereiche. Berlin u. a. 1991.

Coad, P.; Yourdon, E.:
Object-oriented Analysis. Englewood Cliffs 1990.

Greif, I. (Hrsg.):
Computer-Supported Cooperative Work - A Book for Readings. San Mateo 1988.

Heilmann, W.:
Gedanken zur integrierten Datenverarbeitung. ADL-Nachrichten, 1962, Heft 24, S. 202 - 213.

Heilmann, H.:
Integration: Ein zentraler Begriff der Wirtschaftsinformatik im Wandel der Zeit. HMD, 26(1989)150, S. 46 - 58.

Johansen, R.:
Groupware Computer Support for Business Teams. New York 1988.

Krallmann, H.; Rieger, B.:
Vom Decision Support System (DSS) zum Executive Support System (ESS). HMD, 24(1987)138, S. 28 - 38.

Krcmar, H.:
Computerunterstützung von Gruppen - Neue Entwicklungen bei Entscheidungsunterstützungssystemen. Informationsmanagement, o. Jg.(1988)3, S. 8 - 15

Krcmar, H.:
A framework for CATeam research. Proceedings of the 1st European Conference on Computer Supported Cooperative Work. London 1989, S. 421 - 435.

Krcmar, H.:
Informationsmanagement - Zum Problembewußtsein deutscher DV-Leiter. Wirtschaftsinformatik, 32(1990)2, S. 127 - 135.

Krcmar, H.:
Bedeutung und Ziele von Informationssystem-Architekturen. Wirtschaftsinformatik, 32(1990)5, S. 395 - 402.

Krcmar, H.:
Annäherungen an Informationsmanagement - Managementdisziplin und/oder Technologiedisziplin. In: Managementforschung. Hrsg: W. Staehle u. a. Berlin 1991.

Krcmar, H.:
Informationslogistik der Unternehmung - Konzept und Perspektiven. Arbeitspapier Nr. 21. Lehrstuhl Universität Hohenheim. Stuttgart 1991.

Krcmar, H.:
CSCW State of the Art. Past Achievements and Future Directions. erscheint in: Proceedings of the IVth International Conference on Human-Computer Interaction (HCI). Stuttgart 1991.

Lewe, H.; Krcmar, H.:
Groupware. Das aktuelle Stichwort. Informatik-Spektrum 14(1991)3.

Mertens, P.:
Die zwischenbetriebliche Kooperation und Integration bei der automatisierten Datenverarbeitung. Meisenheim am Glan 1966.

Mertens, P.; Griese, J.:
Industrielle Datenverarbeitung I: Administration- und Dispositionssysteme. 7. Aufl., Wiesbaden 1988.

Meyer, B.:
Object-oriented Software Construction. Englewood Cliffs 1988.

Scheer, A.-W.:
CIM - Computer Integrated Manufacturing. Der computergesteuerte Industriebetrieb. 4. Aufl., Berlin u. a. 1990.

Scheer, A.-W.:
EDV-orientierte Betriebswirtschaftslehre. 4. Aufl., Berlin u. a. 1990.

Scheer, A.-W.:
Wirtschaftsinformatik - Informationssysteme im Industriebetrieb. 3. Aufl., Berlin u. a. 1990.

Scheer, A.-W.:
Architektur integrierter Informationssysteme. Berlin u. a. 1991.

Striening, H.-D.:
Prozeß-Management: Versuch eines integrierten Konzeptes situationsadäquater Gestaltung von Verwaltungsprozessen. Frankfurt u. a. 1988.

Szyperski, N:
Die Informationstechnik und unternehmensübergreifende Logistik. In: Integration und Flexibilität. Hrsg: D. Adam, H. Backhaus, H. Meffert, H. Wagner. Wiesbaden 1990.

Integrierte Informationsverarbeitung - eine Standortbestimmung aus der Sicht der Anwender

Von Dr. Uschi Gröner, Saarbrücken

Inhaltsübersicht

1   Integrierte Informationsverarbeitung im Spannungsfeld

Integrierte Informationsverabeitung ist seit Beginn der 80er Jahre eine vielbeachtete und dennoch häufig kontrovers diskutierte Entwicklung in Wissenschaft und Praxis. A.-W. Scheer[1] hat mit seinen Veröffentlichungen, Vorträgen und Fachtagungen[2] und zahlreichen Projekten in Wissenschaft und Praxis wesentlich zur positiven Entwicklung im deutschsprachigen Raum beigetragen.

Die integrierte Informationsverabeitung steht im Spannungsfeld dreier Komponenten: der EDV-Organisation, der ständigen Neuerungen unterworfenen Informationstechnik und externen Einflußgrößen, wie zunehmender Wettbewerb, hoher Kostendruck, Forderung nach hoher Qualität der angebotenen Produkte und Leistungen, Zwang zu flexiblen Fertigungsstrategien u. v. m. Die EDV-Organisation verfolgt in erster Linie ablauforganisatorische Zielsetzungen, die durch die Neuorganisation betrieblicher Vorgänge, den Entwurf von Vorgangs- und Prozeßketten und die Strukturierung der Unternehmensdaten realisiert werden sollen. Die geeigneten EDV-technischen Umsetzungen bilden die Instrumente zur Zielerreichung[3]. Der Einsatz geeigneter EDV- oder Informationstechnologien wird durch die einem schnellen technischen Fortschritt unterliegenden EDV-Produkte, wie dialogorientierte und benutzerfreundliche Betriebssystementwicklungen, leistungsfähige Mikroprozessoren, Datenbankmanagementsysteme, Netzwerke, Electronic Mail, standardisierte Datenübertragungsprotokolle, offene Netzarchitekturen, Standardsoftwarefamilien mit frei programmierbaren Schnittstellen u.s.w., wesentlich gefördert. Der starke Konkurrenzdruck unter den Herstellern und preiswerte Verfahren zur Herstellung erleichtern ebenfalls die Umsetzung, da die Unternehmen für sie akzeptable Preis-Leistungsrelationen am EDV-Markt vorfinden. In der Erarbeitung EDV-geeigneter betriebswirtschaftlicher Konzepte liegt eine Domäne der Wirtschaftsinformatik[4].

Integrierte Informationsverarbeitung wird andererseits vom technischen Blickwinkel ebenso stark beeinflußt. Für viele traditionell organisierte Unternehmen mit mächtigen EDV-Abteilungen ist es ein "Muß", ja geradezu ein Statussysmbol, möglichst schnell über den aktuellsten Stand der Technik zu verfügen[5]. Die starke Ausrichtung an dem technisch Verfügbaren verführt häufig zu übereilten Neuanschaffungen und der Vernachlässigung fundierter Planungs- und Einführungskonzepte[6]. Die Konsequenz einer solchen Sichtweise sind häufig Enttäuschung über fehlende qualitative (z. B. Senkung der Papierflut) und quantitative (z. B. Senkung der Durchlaufzeiten) Erfolge. Als Resultat sind hohe Investitionskosten und fehlende Einsparungen zu verzeichnen. Dieser Ablauf, den viele Anwender

---

1   vgl. Scheer, A.-W.: CIM - Computer Integrated Manufacturing. Der computergesteuerte Industriebetrieb. 4. Aufl., Berlin u. a. 1990.
2   vgl. CIM im Mittelstand. Hrsg.: A.-W. Scheer. 4 Bände, Berlin u. a. 1988, 1989, 1990, 1991.
3   vgl. zu den Interdependenzen zwischen EDV und Betriebswirtschaftslehre vgl. Scheer, A.-W.: EDV-orientierte Betriebswirtschaftslehre. 4. Aufl., Berlin u. a. 1990, S. 1 - 4.
4   vgl. Stahlknecht, P.: Einführung in die Wirtschaftsinformatik. 4. Aufl., Berlin u. a. 1989, S. 4.
5   Die Verfasserin bezieht sich hierbei auf die Ergebnisse eines Workshops "Client Server Architekturen der 90er Jahre" am 23.4.1991 in Düsseldorf.
6   vgl. Scheer, A.- W.: Wie vermeidet man CIM-Ruinen? Architektur für eine sichere CIM-Einführung. In: CIM im Mittelstand. Fachtagung 1991. Hrsg.: A.-W. Scheer. Berlin u. a. 1991, S. 1 - 14, insbes. S. 9.

schildern können, führt zu einer kritischen Beurteilung der integrierten Informationsverarbeitung im ganzen Unternehmen[7]. Die Ansätze werden nicht weiterverfolgt und verkümmern als Insellösungen.

Die Diskussion um die integrierte Datenverarbeitung wird drittens auch von den Ebenen des strategischen Managements in den Unternehmen beeinflußt. Immer stärker in den Vordergrund drängende Herausforderungen des Marktes, wie Wandel des Marktes zum ausschließlichen Käufermarkt, der Zwang zur Flexibilität, steigende Lohnkosten im Inland, der wachsende Konkurrenzdruck aus dem Ausland und die Forderung der Kunden nach einem hohen Qualitätsstandard verlangen neue Unternehmensstrukturen mit strategisch relevanten Auswirkungen[8]. Damit sind auch neue Informationsstrategien und die strategische Planung der Informationsverarbeitung verbunden. Der Druck auf die Unternehmen führt aber auch zu schnellem Handlungsbedarf und starkem Erfolgszwang. Unter diesen Voraussetzungen verlangen viele Unternehmen zu gute Ergebnisse von der Einführung der integrierten Informationsverarbeitung. Sie ist jedoch kein Allheilmittel für ein schlecht funktionierendes und organisiertes Unternehmen. Vor der Einführung neuer Informationssysteme müssen auch alle Möglichkeiten klassischer Rationalisierungspotentiale ausgeschöpft werden[9].

Im dritten Fall zeigt sich deutlich das Dilemma der integrierten Informationsverarbeitung. Einerseits erfordert die Integration in Unternehmen eine langfristige und detaillierte Planung, andererseits herrscht eine Technikorientierung vor und drittens werden seitens der Unternehmensleitung rasche Erfolge gefordert, die weder nur durch ablauforganisatorische noch nur durch technische Maßnahmen zu erzielen sind.

Ziel dieses Beitrages ist es nun zu skizzieren, welchen Stellenwert die unterschiedlichen Konzepte der integrierten Informationsverarbeitung aus der Sicht der Anwender haben. Dabei soll auch aufgezeigt werden, wo Hemmnisse für die Einführung und Realisierung integrierter Konzepte liegen und wie eine systematische Planung und eine modulare Vorgehensweise bei der Einführung ihre Akzeptanz fördern können.

2   Ausprägungsformen

Die gemeinsame Nutzung der selben Daten durch mehrere betriebliche Funktionen wird als Datenintegration bezeichnet[10]. Technisch wird Datenintegration in der Regel durch den Einsatz eines Datenbankmanagementsystems realisiert. Datenintegration läßt die organisatorischen Strukturen im Unternehmen weitgehend unberührt. Sie vermindert allerdings

---

7   vgl. hierzu die Erfahrungen eines Unternehmens der Herrenkonfektion, welches im Rahmen eines vom BMFT geförderten Projekts "Neue Arbeitsstrukturen in der Bekleidungsindustrie" von 1984 bis 1990 mit Einsatz neuester EDV-Technologie ein PPS-System entwickelte. Weber, A.: Moderne PPS in der Haka - Ein Resumee. Manuskript eingereicht 1991 zur Veröffentlichung in: Bekleidung und Wäsche. Zeitschrift für die gesamte Bekleidungsindustrie.

8   vgl. Hanssmann, F.: Quantitative Betriebswirtschaftslehre: Lehrbuch der modellgestützten Unternehmensplanung. 3. Aufl., München u. a. 1990, S. 432 f.

9   vgl. Schulz, H.: Wirtschaftlichkeit von CIM-Investitionen. Das Kostensenkungspotential rechnerunterstützter Fabrikautomatisierung kann ermittelt werden. io Management, 60(1991)5, S. 71 - 73, insbes. S. 71.

10   vgl. Krcmar, H.: Datenintegration und Funktionsintegration. In: Lexikon der Wirtschaftsinformatik. Hrsg: P. Mertens, u. a. 2. Aufl., Berlin u. a. 1990, S. 129 - 130, insbes. S. 129 f.

bereits stark den Aufwand für Datenerfassungen, insbesondere durch den Wegfall von Mehrfacherfassungen, gewährleistet eine verbesserte Datenintegrität und reduziert durch redunanzarme Speicherung den Speicherplatzbedarf. Datenintegration trägt wesentlich dazu bei, daß die Übergangszeiten zwischen den Teilschritten einer Vorgangskette und die Durchlaufzeiten eines Gesamtvorgangs verkürzt werden.

Datenintegration ist die wesentliche Voraussetzung für die Funktionsintegration. Hier werden in einer ersten Stufe Grundfunktionen, wie Datenerfassung, Sachbearbeitung und Steuerung der Verarbeitung an einem Arbeitsplatz zusammengeführt. In einer erweiterten Stufe werden Funktionen, die bisher aus Gründen der Spezialisierung getrennt waren, an einem Arbeitsplatz zusammengefaßt. Vorteile der Funktionsintegration sind der verminderte Koordinationsaufwand, die kürzeren Übertragungs- und Einarbeitungszeiten und die höhere Auskunftskompetenz an einem Arbeitsplatz[11]. Auf die betriebliche Praxis bezogen bedeutet Funktionsintegration die Umsetzung der Prinzipien "Job enrichement" und "Job Enlargement" an den Arbeitsplätzen. Dies heißt aber gleichzeitig, daß eine höhere Qualifikation und Kompetenz der Ausführenden erforderlich wird.

Nur wenige stark innovative Unternehmen haben die Daten- und Funktionsintegration bereits erfolgreich umgesetzt. In vielen Unternehmen erweist sich die Umsetzung nämlich als sehr schwierig, da die bestehenden Organisationsstrukturen, auch die der Aufbauorganisation, und die informationstechnische Infrastruktur grundlegend verändert und erneuert werden müssen. Eine solche Umwälzung wird häufig den Entscheidungsträgern nur dann plausibel zu machen sein, wenn zwingende Gründe drängen. Dies sind aber i. d. R. starke Umsatzeinbrüche, Marktanteilsverluste, zu hohe Lagerbestände und lange Durchlaufzeiten, die eine rasche Beseitigung fordern. Die Einführung integrierter Informationsverarbeitung erweist sich jedoch häufig als langfristiges und in den ersten Phasen als zeit- und kostenaufwendiges Projekt, welches nicht mit der Forderung nach schnell erzielbaren und monetär meßbaren Erfolgen in Einklang zu bringen ist. Viele Unternehmen schrecken auch vor der stark ansteigenden Komplexität solcher integrierten Systeme zurück. So bleiben viele oranisatorische und planerische Defizite, die die eigentlichen Schwachstellen bilden, weiterhin verdeckt.

Im Hinblick auf die Raumüberbrückung zwischen dezentralen Betriebstätten oder zu externen Marktpartnern spricht man auch von innerbetrieblicher, zwischenbetrieblicher (unternehmensinterner) und unternehmensübergreifender Integration.

Innerbetriebliche Integration wird informationstechnisch durch den Einsatz eines lokalen Netzes oder eines Inhouse-Systems realisiert. Im Rahmen eines vernetzten Systems kann man Vorteile, wie Lastverbund, Betriebsmittelverbund, Datenverbund, Intelligenzverbund und Kommunikationsverbund, nutzen. Stark verbreitet sind Netze, die auf Ethernet oder IBM-Token-Ring aufbauen. Zum Einsatz kommen auch die seit ca. 4 Jahren am Markt befindlichen verteilten Datenbankmanagementsysteme. Sie erlauben eine unter Optimierungsgesichtspunkten verteilte Datenhaltung, die allen Benutzern unabhängig von ihrem Standort erlaubt, schnell und sicher auf die gewünschten Informationen zuzugreifen. Ein zentraler Begriff für verteilte Datenverarbeitung ist Distributed Data Processing[12].

Insbesondere in filialisierenden Handelsunternehmen oder in mehrstufigen Unternehmen (z. B. Industrieunternehmen mit eigenen Verkaufseinheiten) gewinnt die zwischenbetriebliche Integration (unternehmensintern) immer stärker an Bedeutung. Eine zentrale Unternehmensleitung muß ständig über aktuelle, häufig tagesgenaue Daten des Warenaus-

---

11   vgl. Krcmar, H.: Datenintegration und Funktionsintegration. In: Lexikon der Wirtschaftsinformatik. Hrsg.: P. Mertens, u. a. 2. Aufl., Berlin u. a. 1990, S. 129 - 130, insbes. S. 130.

12   vgl. Stahlknecht, P.: Einführung in die Wirtschaftsinformatik. 4. Aufl., Berlin u. a. 1989, S. 151.

gangs verfügen. Zentrale Bestell- und Dispositionssysteme verbessern die Position gegenüber Lieferanten und könnnen die Lagerhaltung reduzieren. Für ein aktuelles unternehmensweites Controlling, in welches auch die unternehmensweite Liquidätsplanung und -steuerung (Treasuring) eingegliedert sein sollte, ist die unternehmensinterne Integration von großer Wichtigkeit. Nur dann kann das Controlling seine Aufgabe, das gesamte Entscheiden und Handeln im Unternehmen durch eine entsprechende Aufbereitung von Führungsinformationen ergebnisorientiert auszurichten, wahrnehmen[13].

Die unternehmensübergreifende Integration umfaßt die Informations- und Kommunikationsbeziehungen zwischen wirtschaftlich und rechtlich selbständigen Unternehmen, wie das z. B. in Kooperationen der Fall sein kann. Ein weiteres typisches Beispiel sind die engen Bindungen in der Zulieferindustrie des Automobilbaus, wo durch Just-in-time Konzepte zeitsynchroner Abruf von Teilen erfolgt[14]. Die Nutzung der Informationstechnik zur Realisierung der unternehmensübergreifenden Integration ist bereits praxisbewährt und wird durch standardisierte Datenaustauschformate wie EDIFACT[15] unterstützt. Allerdings verfügen die in den Unternehmen ankommenden oder abzusendenden Informationen häufig nicht über automatisierte Schnittstellen zu operativen Systemen. Als Hauptargument für konventionelle Lösungen wird in der Praxis vorgebracht, daß remote-Funktionen die Datensicherheit gefährden und zu kapazitativen Mehrbelastungen der Hardware führen.

Informations- und Kommunikationssysteme lassen sich auch nach den verschiedenen Anwendergruppen im Unternehmen differenzieren. Sie richten sich an operative, dispositive und strategische Ebenen in den Unternehmen[16]. Daraus resultieren auch unterschiedliche Informationsbedarfe (für Administrations-, Dispositions- und Planungs-/ Kontrollaufgaben), die in einem geschlossenen System bedient werden können. Voraussetzung für ein solches geschlossenes System ist wiederum eine gemeinsame Datenbasis, die es erlaubt, bei Anfragen den Bedarf und die Nachfrage nach Informationen zu berücksichtigen. Oberstes Ziel muß es sein, die zahlreichen und unübersichtlichen Listenausdrucke, die noch aus der Zeit der batch-orientierten Datenverarbeitung resultieren, zu reduzieren. Stattdessen muß in einem dialogorientierten System einerseits mit einer benutzerfreundlichen Anfragesprache das Generieren freier Abfragen möglich sein, und zum anderen muß statt unübersichtlicher Listen ein geeignetes Berichtswesen mit strukturierten Dokumenten eingeführt werden. Gerade hier haben die Anwender noch erhebliche Probleme, da insbesondere Managementinformationen noch nicht in geeignet verdichteter Form zur Verfügung gestellt werden.

Eine stark technisch ausgerichtete Möglichkeit der integrierten Informationsverarbeitung ist die Integration unterschiedlich strukturierter Nachrichten und Daten in einem durchgängigen Informations- und Kommunikationssystem. Man kann folgende drei Möglichkeiten unterscheiden:

---

13   vgl. Hahn, D.: Integrierte und flexible Unternehmensführung durch computergestütztes Controlling. In: Integration und Flexibilität. Eine Herausforderung für die Allgemeine Betriebswirtschaftslehre. Hrsg.: H. Meffert, u. a., Wiesbaden 1990, S. 197 - 226, insbes. S. 198.

14   vgl. Busse, A.: Integration eines ganzheitlichen PPS-Ablaufs in das CIM-Konzept eines Automobilzulieferers. In: CIM im Mittelstand. Hrsg.: A.-W. Scheer. Berlin u. a. 1991, S. 77 - 96.

15   vgl. Leismann, U.: EDIFACT. Information Management, 4(1989)1, S. 60.

16   vgl. Leismann, U.: Warenwirtschaftssysteme mit Bildschirmtext. Berlin u. a. 1990, S. 61.

1.   unidirektionale Informationen mit unstrukturiertem Charakter,
2.   bidirektional austauschbare Informations- und Kommunikationsvorgänge mit un-
      strukturiertem Charakter,
3.   bidirektional austauschbare Informations- und Kommunikationsvorgänge mit struktu-
      riertem Charakter.

Während in den ersten beiden Fällen Vorgänge in der inner- und zwischenbetrieblichen
sowie in der unternehmensübergreifenden Kommunikation angesprochen sind, die auf konventionelle Art fernmündlich oder schriftlich ausgetauscht werden, handelt es sich im
letzten Fall um Massendatenübertragung. Integration besteht in zweifacher Hinsicht. Zum
einen wird angestrebt, die Informationssysteme so zu gestalten, daß unter einheitlicher Benutzeroberfläche alle drei Kommunikationsformen abgewickelt werden können; zum
anderen sollte eine redundante Speicherung und Erfassung der übertragenen Daten vermieden werden. Dies bedingt eine automatisierte Schnittstelle zwischen unternehmens-
/betriebsinternen Systemen mit definierten logischen und physikalischen Schnittstellen und
einheitlichen Datenübergabeformaten. Bildschirmtext (Btx) hat sich im Laufe der letzten 10
Jahre als Instrument zur oben beschriebenen Integration bewährt. Als hervorragend funktio-
nierende Beispiele sind das Bestell- und Auskunftssystem der BMW AG oder die Reservie-
rungssysteme AMADEUS oder AMARIS zu nennen.

Integrierte Datenverarbeitung ist also ein Begriff, der sowohl in der Organisationslehre
als auch in der Informationstechnik benutzt und unterschiedlich interpretiert wird. Der
Idealfall liegt dann vor, wenn beide Sichten miteinander verbunden werden.

Wigand[17] formuliert für ein optimal geplantes integriertes System fünf charakteristi-
sche Eigenschaften:

1.   Es führt Geschäftsführer, Leiter sowie auch sonstige Angestellte zusammen. Hierbei
      wird die Integration eines unterschiedlichen Informationsanforderungen entsprechen-
      den Berichtswesens in ein durchgängiges Informations- und Kommunikationssystem
      sowie die Möglichkeit des uneingeschränkten Nachrichten- und Kommunikations-
      austauschs gefordert.
2.   Es übermittelt zuverlässig vollintegrierte, elektronische Dokumente - im Sinne der
      Integration unterschiedlicher Informations- und Kommunikationsformen - und
      speichert diese elektronisch mit hohen Geschwindigkeiten.
3.   Es ist ein Host-unterstütztes System, das in Verbindung mit einem zentralen
      Computer und einer gemeinsamen Architektur entworfen wurde. Dadurch kann der
      Endnutzer leichten Zugang zur gemeinsamen Datenbasis haben. Dies impliziert
      Datenintegration sowie integrierte Systeme zur Raumüberbrückung.
4.   Es ist ein Echtzeit-Management-System, das seinen Nutzern Zugang zu allen Infor-
      mationen innerhalb der Organisation gibt, so lange sie dazu berechtigt sind. Korrek-
      terweise darf der Datenschutzaspekt in der integrierten Informationsverarbeitung nicht
      vernachlässigt werden. Der ausdrückliche Hinweis auf die Anbindung des Manage-
      ments trägt dem Aspekt der Praxis Rechnung, daß bis vor wenigen Jahren EDV-Ter-
      minals oder Mikrocomputer in den Managementebenen nicht eingesetzt wurden.
5.   Es hat eine flexible Struktur, eine offene Architektur und transparente Verbindungen.
      Deutlich findet sich hier der Hinweis, integrierte Systeme so zu planen und zu reali-

---

17   vgl. Wigand, R.: Fünf Grundsätze für die erfolgreiche Einführung des Informationsmanagements.
      Information Management, 3(1988)2, S. 24 - 30, insbes. S. 29.

sieren, daß sie erweiterbar sind und beliebige Hardware und Software integrieren können. Hier bietet sich Btx als offene Systeminfrastruktur mit dem Konzept des externen Rechnerverbunds an.

6. Es maximiert sowohl die Integration von bereits existierenden als auch zukünftigen Informationstechnologien, die Integration von Mitarbeitern sowie die Integration von Informationstechnologien und Mitarbeitern. Wigand spricht ein wesentliches Defizit der bestehenden Anwendungen an. Integrierte Informationsverarbeitung verbindet im Idealfall Organisation und Technik und erzielt dadurch enorme Synergien. In die Integration müssen aber auch die Mitarbeiter miteinbezogen werden, da es falsch wäre, ohne entsprechende Schulungsmaßnahmen Verständnis für organisatorische und technische Neuerungen zu verlangen.

3   Konzepte

Die verschiedenen Aspekte der Integration finden ihre betriebswirtschaftlichen und DV-technischen Niederschlag in CIM (Computer Integrated Manufacturing)-Konzepten in Industriebetrieben und in Integrierten Warenwirtschaftssystemen im Handel. Beiden Konzepten zur integrierten Informationsverarbeitung ist gemeinsam[18], daß sie eine anwendungsunabhängige Datenorganisation anstreben, ablauforganisatorisch auf das Unternehmen einwirken (Denken in Vorgangsketten) und kleine Regelkreise anstreben, um möglichst schnell bei Soll-Ist-Vergleichen Abweichungen zu erkennen und regelnd eingreifen zu können. Darüber hinaus sehen sie eine zumindest unternehmensinterne Integration vor. In umfassenden Konzepten kann auch die Aufbereitung von Daten in unterschiedlichen Aggregationsstufen realisiert sein.

3.1   CIM-Konzepte

CIM bezeichnet nach Scheer[19] die integrierte Informationsverarbeitung für betriebswirtschaftliche Aufgaben (Produktionsplanungs- und -steuerungssystem) und technische Aufgaben (CAX-Komponenten). Gleichzeitig sind diese Informationssysteme Datenlieferanten für sie begleitende Systeme der Finanzbuchführung und Kostenrechnung[20]. In Ergänzung zu den Ausführungen von Scheer ist die Definition des "Ausschusses für Wirtschaftliche Fertigung e. V." zu erwähnen. Hier wird die Qualitätssicherung nicht als eine Funktion betrachtet, die mit den anderen in Verbindung gebracht werden muß, sondern die Qualitätssicherung ist eine den gesamten Produktionsprozeß begleitende Funktion. Diese Ergänzung gewinnt insbesondere bei den Anwendern in Europa zunehmend an Bedeutung. "Qualität kann nicht erprüft sondern muß produziert werden"[21]. Pfeifer[22] spricht von der

---

18   vgl. Scheer, A.-W.: CIM - Computer Integrated Manufacturing. Der computergesteuerte Industriebetrieb. 4. Aufl., Berlin u. a. 1990, S. 14 f.

19   vgl. Scheer, A.-W.: CIM - Computer Integrated Manufacturing. Der computergesteuerte Industriebetrieb. 4. Aufl. Berlin u. a. 1990, S. 2.

20   Auf eine Darstellung wird hier verzichtet. Der interessierte Leser sei verwiesen auf: Venitz, U.: CIM und Logistik - Zwei Wege zum gleichen Ziel? In diesem Band.

21   Pfeifer, T.: Von der Qualitätskontrolle zur integrierten Qualitätssicherung. In: Qualitätssicherung in der industriellen Praxis. Herausforderung und Chance. Hrsg: AIF. Köln 1989, S. 18 - 36.

Qualitätssicherung als "Total Quality Management", einer ganzheitlichen Aufgabe, die das gesamte Unternehmen einschließt.

Es gibt jedoch nicht "das CIM-Unternehmen" gemäß Definition schlechthin. In der Praxis und insbesondere im Mittelstand läßt sich eine so grundlegende Umwälzung der Organisation und der EDV nur in Teilschritten bewältigen. Wie bereits an anderer Stelle erwähnt, soll bei einer erfolgreichen Realisierung von CIM zunächst die betriebswirtschaftlich/technisch-organisatorische Konzeption im Mittelpunkt stehen. Des weiteren ist es zweckmäßig, in Abhängigkeit von den speziellen Problemen eines Unternehmens die Integration zunächst für geeignete Teilbereiche anzugehen. Eine drängende Problematik für viele Unternehmen sind die zu hohen Bestände, die zu langen Durchlaufzeiten, zu hoher Ausschuß durch qualitative Mängel und fehlende Termintreue. Daher wird bei der Einführung von CIM häufig mit der Einführung eines PPS-Systems begonnen. Aber an dieser Stelle sehen sich manche Unternehmen bereits vor fast unlösbare Probleme gestellt. Stellvertretend seien die Ausführungen von Billotet[23] zitiert: "Eine Lösung des Problems scheint irgendwann nur noch in einer Gewaltkur zu liegen, mit der gleichzeitg die komplette Organisation geändert werden muß. Aber wie organisiert sich ein mittelständisches Unternehmen neu? Woher nimmt man das Know How, eine solche Aufgabe richtig anzugehen und glücklich zu Ende zu bringen? ... Die Anbieter von PPS-Systemen machen eine Kaufentscheidung letztendlich auch sehr einfach, da ihre Systeme natürlich alles können. Der unbedarfte CIM-Neuling verfügt weder über Wissen noch Weisheit, um die Fehler zu vermeiden, die so viele andere schon begangen haben." Eine andere Problematik zeigte sich im Falle des bereits erwähnten Unternehmens der Bekleidungsindustrie. Hier standen gar keine alternativen Standardlösungen zur Wahl[24] und man mußte den Weg der Eigenentwicklung wählen. Aufgrund der einerseits innovativen aber andererseits noch unerprobten Technik, daraus resultierender Probleme und mangelnder Personalkapazität traten die organisatorischen Zielsetzungen in den Hintergrund und man war froh, als überhaupt etwas lief. Schnell entwickelte das Projekt eine starke Eigendynamik hin zu einem Softwareengineeringprojekt. Die mit der Integration verbundenen betriebswirtschaftlich/organisatorischen Ziele wurden nur minimal erreicht. Vielmehr versuchte man gegen Ende des Projekts auch aus Kostengründen, alte organisatorische Strukturen beizubehalten, so daß auch die Anwendungsvorteile der eingesetzten Hardware (UNIX) sowie des Datenbanksystems Informix nicht mehr zum Tragen kamen.

Diese beiden Beispiele sollen jedoch nicht CIM-Anwendungen in Frage stellen.

Anhand von praktischen Beispielen sollte aber aufgezeigt werden, wie gerade im Mittelstand und in bestimmten Branchen die Anwendungen durch Einflußgrößen, wie Fehlen von qualifiziertem Personal, schneller Erfolgszwang aufgrund von wachsendem Kostendruck und noch fehlendes Know How die schnelle praktische Umsetzung von CIM behindern.

CIM-Anwendungen bieten vielen Unternehmen auch die Chance, nicht nur den Fertigungsbereich mit Hilfe eines geschlossenen Systems zu organisieren, sondern weitere Unternehmensbereiche in ein durchgängiges System einzufügen. Beispielsweise erleichtert Integration dem Vertrieb den Aufbau verbesserter Kundeninformationssysteme, die insbe-

---

22   vgl. Pfeifer, T.: Tendenzen zur rechnergestützten Qualitätssicherung. In: CIM im Mittelstand. Fachtagung 1991. Hrsg: A.-W. Scheer. Berlin u. a. 1991, S. 131 - 153, insbes. S. 137.

23   Billotet, H.: Integration von PPS und Leitstand im Rahmen des Auftragsabwicklungskonzepts. In: CIM im Mittelstand. Fachtagung 1991. Hrsg: A.-W. Scheer. Berlin u. a. 1991, S. 155 - 171, insbes. S. 158 f.

24   vgl. dazu auch Fußnote 7; vgl. Bülow, D.: Der Einsatz von SQL erhöht die Portierbarkeit. Computerwoche, o. Jg.(1989)17, Sonderdruck.

sondere die Schnittstelle Kunde-Vertrieb im Rahmen einer Auftragserteilung verbessern[25]. Hier bewähren sich vor allem die technischen Informations- und Kommunikationssysteme, die die Integration unterschiedlicher elektronischer Kommunikationsformen ermöglichen. Diese Entwicklungen werden auch in der Praxis erfolgreich geplant[26] und realisiert.

3.2 Integrierte Warenwirtschaftssysteme

Warenwirtschaftssysteme (WWS) sind Verfahren, die darauf ausgerichtet sind, Warenbewegungsdaten in Menge und Wert rationell zu erfassen und die daraus resultierenden Informations- und Kommunikationssysteme zur Steuerung des Warenflusses zu tragen[27]. Geschlossene rechnergestützte Warenwirtschaftssysteme bestehen in Abhängigkeit von der Branche, dem Betriebstyp und der Handelsstufe aus den Elementen Stammdatenverwaltung, Wareneingang, Warenausgang, Disposition, Bestellwesen, Lagerbestandsführung, Inventur, Logistik, Auftragsbearbeitung und dem Informationswesen.

Durch die Integration aller warenwirtschaftlichen Funktionen in ein Gesamtsystem mit einer einheitlichen Datenbasis besteht die Möglichkeit, ein warenbegleitendes Informationssystem zu errichten, welches wesentlich zur Entscheidungsfindung im Handel beiträgt.

Integrierte WWS beziehen auch externe Marktpartner des Handels, wie Banken (Electronic Banking), Logistikdienstleister (Frachtenoptimierung, elektronische Frachtenbörsen), Marktforschungsinstitute und Lieferanten (elektronisch übermittelte Bestellungen mittels mobilen Datenterminals) in das Warenwirtschaftssystem mit ein. Die überbetriebliche Integration wurde durch den Einsatz moderner und preiswerter Datenübertragungstechnologien, wie Datex-P und Btx, erst ermöglicht. Im Idealfall wird angestrebt, die Schnittstellen zwischen den Datenübertragungsinstrumenten in der überbetrieblichen Kommunikation und den Systemen in der unternehmensinternen Kommunikation ebenfalls EDV-gestützt zu realisieren. Im Falle der integrierten WWS sich zeigt sich allerdings auch deutlich die Wechselwirkung zwischen betriebswirtschaftlichen/organisatorischen Integrationsansätzen und technischen Integrationsmöglichkeiten. Ohne die sog. neuen Technologien sind viele Rationalisierungspotentiale, wie z. B. vereinfachte und schnellere Bestellabwicklung, Vereinfachung von Rechnungs- und Wareneingangskontrollen oder geringere Lagerbestände, nicht zu erzielen. Allerdings würde der Einsatz der Informationstechnologie ohne eine organisatorische Beeinflussung der Abläufe und die Definition logischer Schnittstellen auch nicht zum optimalen Ergebnis führen.

Die Durchsetzung von in allen Funktionsbereichen geschlossenen oder integrierten Warenwirtschaftssystemen i. S. o. g. Definition ist im Handel wenig gelungen. Es überwiegen Teilsysteme mit EDV-Unterstützung. Die Integrationsansätze im Bereich der Warenwirtschaftssysteme liegen einerseits auf Raumüberbrückungsfunktionen mit der Integration von Vorgangsketten in Disposition/Bestellwesen/Wareneingang.

Andererseits bestehen Anbindungen des Elemtes Warenausgang von dezentralen Verkaufsstellen aus an eine zentrale Stelle. Sie liefern sowohl für operative als auch für dispositive/strategische Ebenen häufig tagesaktuelle Daten, die dann in Abhängigkeit vom Informationsbedarf aufbereitet werden können.

---

25 vgl. Mertens, P., Steppan, G.: Die Ausdehnung des CIM-Gedankens in den Vertrieb. CIM Management, 4(1988)3, S. 24 - 28.

26 vgl. Gröner, L.: Logistikstrategie bei Pfaff. In: Produktions- und Logistikstrategien für Europa 1992. Tagungsband zum 7. Saarbrücker Logistikforum. Hrsg: K.-J. Schmidt. Saarbrücken 1991.

27 vgl. Leismann, U.: Warenwirtschaftssysteme mit Bildschirmtext. Berlin u. a. 1990, S. 13.

Im Bereich des Handels ist bezüglich einer integrierten Informationsverarbeitung die Kluft zwischen den finanzstarken Handelsunternehmen, wie großen Filialisten und/oder starken Kooperationen zu einzeln am Markt operierenden Unternehmen noch deutlicher als in der Industrie. Haben die finanzstarken Handelsunternehmen das Rationalisierungspotential und den Zeitvorteil durch den Einsatz der integrierten Informationsverarbeitung zum überwiegenden Teil erkannt und genutzt, stecken kleine Unternehmen häufig noch in den Kinderschuhen. Ihnen fehlen vor allem die geeigneten Mitarbeiter, die diese Aufgaben bewältigen können.

Die Möglichkeiten, mit Hilfe von geschlossenen WWS auch die kurzfristige Erfolgsrechnung (artikel-, verkäufer-, regal-, filial- oder verkaufsflächenspezifische Deckungsbeitragsrechnungen) oder die Artikelanalysen wesentlich zu verbessern, werden im Handel nur wenig ausgenutzt.

Das Kooperationspotential[28] für Verbundgruppen ist ebenfalls eminent; dabei erzielen vor allem kleine Handelsunternehmen große Anwendungsvorteile. Je stärker das Leistungspaket der Gruppenzentrale (z. B. in freiwilligen Ketten, Einkaufsgemeinschaften) neben der Ware auch Dienstleistungen (z. B. in geschlossenen WWS Übernahme von zentralen Funktionen der Programm- und Datenpflege) umfaßt, umso stärker kann sich die Kooperationsintensität entwickeln. Dies bedeutet für Verbundgruppen die Chance zur Erhöhung der Bezugsquote ihrer Mitglieder und damit eine Chance gegenüber straff geführten expansiven Filialunternehmen. Durch die Kooperation bietet sich eine Möglichkeit, durch die gemeinsame Durchführung der Informationsverarbeitung die Kosten, die jedem Einzelnen entstehen würden, auf mehrere Nutzer zu verteilen.

Dadurch könnte die Positionierung und Behauptung im Markt gelingen.

Die relativ schwache Durchdringung (mit Ausnahme des Einsatzes komfortabler Kassensysteme) integrierter Informationsverarbeitung im Handel schlägt sich auch im Angebot der Hardware- und Softwarehersteller nieder. Während im CIM-Bereich die Hersteller von Hardware und Software bereits seit Mitte der 80er Jahre an integrierten CIM-Lösungen unter Einsatz einer gemeinsamen Datenbasis entwickeln, sind im warenwirtschaftlichen Bereich erst seit Ende der 80er Jahre Entwicklungen bekannt, die dialogorientierte Betriebssysteme und Datenbanksysteme vorsehen[29].

4 Planung und Einführung

Eine erfolgreiche integrierte Informationsverabeitung muß sorgfältig vorbereitet werden. Dazu gehört zunächst einmal eine umfassende Systemanalyse. Nach der Phase der Ist-Aufnahme, wobei die von A.-W. Scheer[30] entwickelte Vorgangskettenanalyse einen wertvollen Beitrag leisten kann, erfolgt die Erarbeitung eines anwendungsneutralen, betriebswirtschaftlich-organisatorischen Integrationskonzepts. Das Gesamtkonzept muß auch eine

---

28   Zentes, J.: Nutzeffekte von Warenwirtschaftssystemen im Handel. Information Management, 3(1988)4, S. 58 - 67, insbes. S. 65.

29   vgl. Bertram, H.: Generationenwechsel bei Warenwirtschaftssystemen: Handel im Wandel. Computer Magazin, 18(1989)11/12, S. 26 - 29.

30   vgl. Scheer, A.-W.: Vorgehensweise für eine systematische CIM-Einführung - Die Y-CIM-Strategie. In: CIM im Mittelstand. Fachtagung 1990. Hrsg: A.-W. Scheer. Berlin u. a. 1990, S. 1 - 17, insbes. S. 7 f.

schrittweise und modular orientierte Vorgehensweise bei der Einführung integrierter DV-Systeme vorsehen.

Scheer hat in seinem neuen Werk[31] die wesentlichen Schritte aufgezeigt, wobei die Modellierung der Daten und Funktionen zunächst im Mittelpunkt steht. Schon in dieser Planungsphase ist es jedoch wichtig, die Fachabteilungen in den Planungsprozeß mit einzubeziehen.

Nach erfolgreicher Erarbeitung und Abstimmung kann darüber entschieden werden, ob die Anwendungen selbst entwickelt werden sollen oder ob auf Standardsoftware zurückgegriffen werden kann.

Bei der Auswahl von Standardsoftware müssen neben dem EDV-technischen Leistungsumfang auch die Schnittstellenproblematik und ein modularer Aufbau der Programme eine Rolle spielen. Benutzerorientierte Gesichtspunkte, wie eine anwenderfreundliche Oberfläche und Menutechniken sind als wesentliche Faktoren ausschlaggebend für die spätere Akzeptanz. Ein ganz wichtiger Punkt bei der Auswahl ist die Durchführung von Schulungen, das Vorhandensein einer Hotline, sorgfältig ausgearbeitete Benutzerhandbücher in der Muttersprache der Anwender und eine Wartungsgarantie. Diese Anforderungen sollen auch bei einer Preis-Leistungsbeurteilung in die Überlegungen miteinfließen.

Die selben Kriterien sind auch bei der Hardwareauswahl ausschlaggebend. Entscheidend für den Erfolg ist auch eine gute Abstimmung zwischen Hardware und Software.

Bei der Entscheidung für Eigenentwicklungen ist eine systematische Vorgehensweise in Projektphasen zwingend notwendig[32]. Einer der häufigsten Versäumnisse ist der Verzicht einer Testphase vor der endgültigen Implementierung, was zu unabsehbaren Folgen für das Unternehmen führen kann. Das Arbeiten mit dem alten und neuen System im Parallelbetrieb ist für die ersten Monate nach der Inbetriebnahme ebenfalls zweckmäßig.

Auch der Planungs- und Entwicklungsprozeß im Rahmen der integrierten Informationsverarbeitung wird bereits von sog. CASE (Computer Aided Software Engineering)-Tools unterstützt. Sog. Technologien der 4. Generation[33] erlauben eine Hardware- und teilweise betiebssystemunabhängige Implementierung. Sie benutzen standardisierte Datenmanipulationssprachen (z. B. SQL), sie arbeiten interaktiv mit dem Benutzer, erleichtern den Aufbau der Benutzeroberfläche, verfügen über integrierte, aktive Data Dictionaries und arbeiten mit intelligenten Editoren und nichtprozeduralen Sprachen.

Auch bei dem Einsatz von EDV im Softwareentwicklungsprozeß ist bereits ein bestimmter Grad an Integration erreicht. Für den Anwender stellt sich aber ein erhebliches Auswahlproblem, da er über eine breite Kenntnis der Softwareentwicklungsmethoden und -verfahren verfügen muß, um das geeignete EDV-gestützte Werkzeug auszuwählen.

Auch bei noch so sorgfältiger Planung und Vorbereitung der Integration scheitern viele Projekte dennoch, weil der Mitarbeiterqualifizierung zu wenig Wert bei der Einführung beigemessen wurde. Bezüglich der Mitarbeiterintegration bei der Einführung von integrierter Informationsverabeitung sei erwähnt, daß projektbegleitend auch eine CIM-Qualifizierung des Personals[34] durchgeführt werden sollte.

---

31   vgl. Scheer, A.-W.: Architektur integrierter Informationssysteme. Berlin u. a. 1991.

32   vgl. Balzert, H.: Die Entwicklung von Software Systemen. Mannheim u. a. 1982.

33   vgl. Page, P.: 4 GT statt 4 GL: Erfolgspotential für die Unternehmen. Computer Magazin, 19(1990)1/2, S. 56 - 58.

34   vgl. Bartels, R., u. a.: Ein personalorientierter Ansatz zur CIM-Einführung. CIM-Management, 6(1990)6, S. 42 - 48.

Daneben ist auch zu beachten, daß in der Regel ein Wechsel von Projektmitarbeitern in den einzelnen Projektphasen erfolgt und damit die Übertragung bereits aufgebauten Know Hows problematisch ist[35].

Wichtig ist auch, daß gleichzeitig mit der Einführung ein Benutzerservice in den Unternehmen eingerichtet wird, der eine kontinuierliche Unterstützung der Anwender,die Pflege und die Weiterentwicklung der Anwendungen der integrierten Datenverarbeitung garantiert.

Abschließend ist zu bemerken, daß die Planung und Implementierung eines durchgängigen unternehmensweiten Systems auch heute noch eine Herausforderung für die Organisation aller Unternehmen darstellt. Sie kann nur gelingen, wenn die strategischen Unternehmenseinheiten die organisatorischen und betrieblichen Veränderungen in jeder Phase mittragen und davon überzeugt sind, daß die hohen Investitionskosten sich für eine Verbesserung des Wettbewerbsfaktors Information lohnen.

5 Bewertungsproblematik

Vor allem die Bewertung der integrierten Informationsverarbeitung ist auch zu Beginn der 90er Jahre in der Praxis immer noch umstritten.

In der Literatur bestehen zwei grundsätzliche Ansätze zur Durchführung der Bewertung. Zum einen die Methoden der Nutzwertanalyse und zum anderen die Verfahren der Investitionsrechnung. Beide Ansätze führen in der Praxis i. d. Regel nicht zu den gewünschten Erfolgen, da viele qualitative Faktoren bei der Einführung der integrierten Informationsverarbeitung eine Rolle spielen.

Bei der Investitionsrechnung lassen sich nur die Auszahlungen aufgrund der Kalkulation für Hardware und Software, für Personal, für Support, für Schulung u.s.w. relativ einfach bestimmen, Einzahlungen müssen aus den geschätzten oder bereits ermittelten Kostensenkungspotentialen der integrierten Informationsverarbeitung für das jeweilige Unternehmen abgeleitet werden. In der Literatur finden sich auch immer wieder Beispiele dafür, daß dies zumindest zum Teil gelingen kann[36]. Allerdings bleibt auch dann noch die Frage einer Bewertung der strategischen Vorteile integrierter Informationsverabeitung unbeantwortet.

Ansätze mit linearen Modellen müssen sich ebenfalls mit der Bewertung qualitativer Faktoren auseinandersetzen[37].

Bei den Nutzwertanalysen muß der Nutzen direkt oder indirekt monetär meßbar werden. Da aber insbesondere qualitative Kriterien, wie z. B. die Verbesserung der Entscheidungsgrundlagen durch aktuellere und zweckorientiert aufbereitete Daten, eine wesentliche Rolle spielen und ein solcher Nutzen fast nicht monetär bewertet werden kann, stößt auch die Nutzwertanalyse an ihre Grenzen.

---

35   Tünschel, L.: CIM und strategisches Informationsmanagement für die Fabrik der Zukunft. CIM Management, 4(1988)3, S. 29 - 36, insbes. S. 32.

36   Schulz,   H.:   Wirtschaftlichkeit   von   CIM-Investitionen.   Das   Kostensenkungspotential rechnerunterstützter Fabrikautomatisierung kann ermittelt werden. io Management, 60(1991)5, S. 71 - 73.

37   vgl. Grob, H. L.: Investitionsrechnung für Informations- und Kommunikationssysteme. In: Integration und Flexibilität. Eine Herausforderung für die Allgemeine Betriebswirtschaftslehre. Hrsg.: H. Meffert, u. a. Wiesbaden 1990, S. 335 - 352.

Aufgrund der immer noch nicht vollständig ausgereiften Verfahren und Methoden zur Gesamtbeurteilung von Projekten der integrierten Informationsverabeitung werden immer noch viele Projekte zur Realisierung in den Unternehmen abgelehnt Bedauerlicherweise wird bei der Bewertung nämlich häufig der Nutzenbestandteil der integrierten Informationsverarbeitung, der sich aus einer innovativen, den Herausforderungen eines immer stärker werdenden Käufermarktes entsprechenden, und damit flexibel ausgerichteten Unternehmensstrategie ergibt und der in den Rechnungen oder Bewertungsmodellen nicht enthalten ist, vernachlässigt.

Die häufig kritische Beurteilung neuer Formen der Informationsverarbeitung, die die klassischen Konzepte der batch-orientierten Massendatenverarbeitung ablösen, wird auch dadurch gefördert, daß sich in vielen Unternehmen der Trend beobachten läßt, daß die EDV-Technik die Anwendungsentwicklung und ihre Implementierung zu einem wesentlichen Teil bestimmt. Nicht die betrieblichen Ziele und optimierten organisatorischen Abläufe dominieren die Anwendungsentwicklung, sondern die technischen Innovationen bestimmen häufig das Geschehen in den Fachabteilungen. Diese Technikorientierung und das Fehlen von ausgereiften betriebswirtschaftlich-organisatorischen Konzepten führt dann häufig zur Unzufriedenheit in den Fachabteilungen der Unternehmen, da sich die Anwender mit ihren fachlichen und organisatorischen Anforderungen an die Datenverarbeitung nicht wiederfinden.

6 Ausblick

Integrierte Informationsvearbeitung lebt von den Menschen, die mit ihr arbeiten. Aus der Sicht der Anweder gibt es noch viele Hemmnisse, die bis zu einer vollständigen Realisierung überwunden werden müssen. Daher ist es wichtig, in jedem Fall ein modulares und langfristig angelegtes Konzept zu verfolgen.

Integrierte Informationsvearbeitung ist aber eine Notwendigkeit. Sie eine Herausforderung für Unternehmen, neue Entwicklungen anzunehmen und auf Veränderungen zu reagieren. Dies gilt besonders für kleine und mittlere Unternehmen. Dort werden jedoch Defizite solange bestehen, wie Mangel an ausgebildeten Kräften herrscht.

Hier liegt eine große Aufgabe für die Hochschulausbildung in der Wirtschaftsinformatik. Es müssen mehr Studenten dieser Fachrichtung ausgebildet werden können. Die technikorientierte Ausbildung darf nicht in den Vordergrund treten. Daher sind neue Konzepte mit dem Aufbau eines eigenen Studiengangs Wirtschaftsinformatik zu begrüßen.

Literaturverzeichnis

Balzert, H.:
> Die Entwicklung von Software Systemen. Mannheim u. a. 1982.

Bartels. R., u. a.:
> Ein personalorientierter Ansatz zur CIM-Einführung. CIM-Management, 6(1990)6, S. 42 - 48.

Bertram, H.:
> Generationenwechsel bei Warenwirtschaftssystemen: Handel im Wandel. Computer Magazin, 18(1989)11/12, S. 26 - 29.

Billotet, H.:
> Integration von PPS und Leitstand im Rahmen des Auftragsabwicklungskonzepts. In: CIM im Mittelstand. Fachtagung 1991. Hrsg.: A.-W. Scheer. Berlin u. a. 1991, S. 155 - 171.

Bülow, D.:
> Der Einsatz von SQL erhöht die Portierbarkeit. Computerwoche, o. Jg.(1989)17, Sonderdruck.

Busse, A.:
> Integration eines ganzheitlichen PPS-Ablaufs in das CIM-Konzept eines Automobilzulieferers. In: CIM im Mittelstand. Fachtagung 1991. Hrsg.: A.-W. Scheer. Berlin u. a. 1991, S. 77 - 96.

Grob, H. L.:
> Investitionsrechnung für Informations- und Kommunikationssysteme. In: Integration und Flexibilität. Eine Herausforderung für die Allgemeine Betriebswirtschaftslehre. Hrsg.: H. Meffert, u. a. Wiesbaden 1990.

Gröner, L.:
> Logistikstrategie bei Pfaff. In: Produktions- und Logistikstrategien für Europa 1992. Tagungsband zum 7. Saarbrücker Logistikforum. Hrsg.: K.-J. Schmidt. Saarbrücken 1991.

Hahn, D.:
> Integrierte und flexible Unternehmensführung durch computergestütztes Controlling. In: Integration und Flexibilität. Eine Herausforderung für die Allgemeine Betriebswirtschaftslehre. Hrsg.: H. Meffert, u. a. Wiesbaden 1990, S. 197 - 226.

Hanssmann, F.:
> Quantitative Betriebswirtschaftslehre: Lehrbuch der modellgestützten Unternehmensplanung. 3. Aufl., München-Wien 1990.

Krcmar, H.:
> Datenintegration und Funktionsintegration. In: Lexikon der Wirtschaftsinformatik. Hrsg.: P. Mertens. 2. Aufl., Berlin u. a. 1990, S. 129 - 130.

Leismann, U.:
> EDIFACT. Information Management, 4(1989)1, S. 60.

Leismann, U.:
> Warenwirtschaftssysteme mit Bildschirmtext. Berlin u. a. 1990.

Mertens, P., Steppan, G.:
> Die Ausdehnung des CIM - Gedankens in den Vertrieb. CIM Management, 4(1988)3, S. 24 - 28.

Page, P.:
4 GT statt 4 GL: Erfolgspotential für die Unternehmen. Computer Magazin, 19(1990)1/2, S. 56 - 58.

Pfeifer, T.:
Tendenzen zur rechnergestützten Qualitätssicherung. In: CIM im Mittelstand. Fachtagung 1991. Hrsg.: A.-W. Scheer. Berlin u. a. 1991, S. 131 - 153.

Pfeifer, T.:
Von der Qualitätskontrolle zur integrierten Qualitätssicherung. In: Qualitätssicherung in der industriellen Praxis. Herausforderung und Chance. Hrsg.: AIF. Köln 1989, S. 18 - 36.

Scheer, A.-W.:
Architektur integrierter Informationssysteme. Berlin u. a. 1991.

Scheer, A.-W.:
CIM - Computer Integrated Manufacturing. Der computergesteuerte Industriebetrieb. 4. Aufl., Berlin u. a. 1990.

Scheer, A.-W.:
EDV - orientierte Betriebswirtschaftslehre. 4. Aufl., Berlin u. a. 1990.

Scheer, A.-W.:
Vorgehensweise für eine systematische CIM-Einführung - die Y-CIM-Strategie. In: CIM im Mittelstand. Fachtagung 1990. Hrsg.: A.-W. Scheer. Berlin u. a. 1990, S. 1 - 17.

Scheer, A.-W.:
Wie vermeidet man CIM - Ruinen? - Architektur für eine sichere CIM - Einführung. In: CIM im Mittelstand. Fachtagung 1991. Hrsg.: A.-W. Scheer. Berlin u. a. 1991, S. 1 - 14.

Stahlknecht, P.:
Einführung in die Wirtschaftsinformatik. 4. Aufl., Berlin u. a. 1989.

Schulz, H.:
Wirtschaftlichkeit von CIM - Investitionen. Das Kostensenkungspotential rechnerunterstützter Fabrikautomatisierung kann ermittelt werden. io Management, 60(1991)5, S. 71 - 73.

Tünschel, L.:
CIM und strategisches Informationsmanagement für die Fabrik der Zukunft. CIM Management, 4(1988)3, S. 29 - 36.

Venitz, U.:
CIM und Logistik - Zwei Wege zum gleichen Ziel. In diesem Band.

Weber, A.:
Moderne PPS in der Haka - ein Resumee. Manuskript eingereicht 1991 zu Veröffentlichung in: Bekleidung und Wäsche. Zeitschrift für die gesamte Bekleidungsindustrie.

Wigand, R.:
Fünf Grundsätze für die erfolgreiche Einführung des Informations - Managements. Information Management, 3(1988)2, S. 24 - 30.

Zentes, J.:
Nutzeffekte von Warenwirtschaftssystemen im Handel. Information Management, 3(1988)4, S. 58 - 67.

CIM und Logistik - Zwei Wege zum gleichen Ziel?

Von Prof. Dr. Udo Venitz, Saarbrücken

1 Problemstellung

Neben Preis und Qualität ist das Tempo, mit dem Produkte vom technischen Entwurf bis zur Auslieferung an den Kunden bereitgestellt werden können, zum dritten Hauptfaktor des Erfolges eines Unternehmens aufgerückt. Dabei erweist sich die weitgehend übliche Funktions- und Arbeitsteilung in den betriebswirtschaftlichen, technischen und logistischen Verfahrensketten immer häufiger als Hindernis. Um diese Problemfelder zu beseitigen, werden - je nach Schwerpunkt - zwei vordergründig kontrovers erscheinende Strategien diskutiert.

Während Computer Integrated Manufacturing (CIM) von der produktbezogenen Integration aller am Produktionsprozeß beteiligten informationstechnischen Teilsysteme (PPS, CAD, CAP, CAM, CAQ) ausgeht, hebt die Logistik auf den termin- und bedarfsgerechten Aufbau der Materialflußkette ab. Auf den ersten Blick erkennbare Gemeinsamkeiten bestehen nur insofern, als sowohl CIM wie auch die Logistik ähnliche Ziele verfolgen, nämlich kurze Durchlaufzeiten und niedrige Lagerbestände bei hoher Flexibilität. Es erhebt sich daher die Frage, ob es sich bei den beiden Strategien um zwei völlig verschiedene Wege zum gleichen Ziel handelt oder ob CIM und Logistik gar das Gleiche sind? Braucht ein Unternehmen nun CIM **oder** Logistik oder CIM **und** Logistik?

Um diese Frage zu klären, müssen zunächst einmal die Schwerpunkte beider Strategien näher beleuchtet werden.

2 Inhalte und Ziele von CIM

Die Geschichte des CIM-Begriffes ist noch nicht alt. Die Diskussion in Deutschland begann Anfang der 80er Jahre. Erste Ansätze gab es bei Messerschmid Bölkow Blohm (MBB), wo man den Begriff Computer Integrated Automated Manufacturing (CIAM) begründet hat. Man könnte glauben, CIM sei zu diesem Zeitpunkt erfunden worden. In Wirklichkeit schrieb J. Harrington[1] sein Buch "Computer Integrated Manufacturing" bereits Anfang der 70er Jahre.

Darin sah er bereits sehr klar eine Entwicklung voraus, die erst 10 Jahre später vehement einsetzen sollte. Die ersten Veröffentlichungen zu CIM in der deutschsprachigen Literatur waren am Anfang wenig einheitlich. Die noch fehlende Einheitlichkeit resultierte zumeist aus unterschiedlichen Interpretationsansätzen, je nachdem, ob der Autor die Dinge mehr aus der technischen oder mehr aus der betriebswirtschaftlichen Sicht sah. Eine anerkannte und oft zitierte Synopse nahm Scheer[2] mit seiner "Y-Darstellung" (s. Abbildung 1) vor, die beide Sichten in eingängiger Form vereint. Dort werden der CIM-Funktionsumfang in zwei Äste, den primär betriebswirtschaftlich-planerischen (PPS) Ablaufstrang und den primär technischen Ablaufstrang aufgespalten und die einzelnen Teilkomponenten exakt bezeichnet.

---

1   vgl. Harrington, J.: Computer Integrated Manufacturing. New York 1973.

2   vgl. Scheer, A.-W.: Factory of the Future. In: Veröffentlichungen des Instituts für Wirtschaftsin-
        formatik. Heft 42. Hrsg.: A.-W. Scheer. Saarbrücken 1983, S. 2.

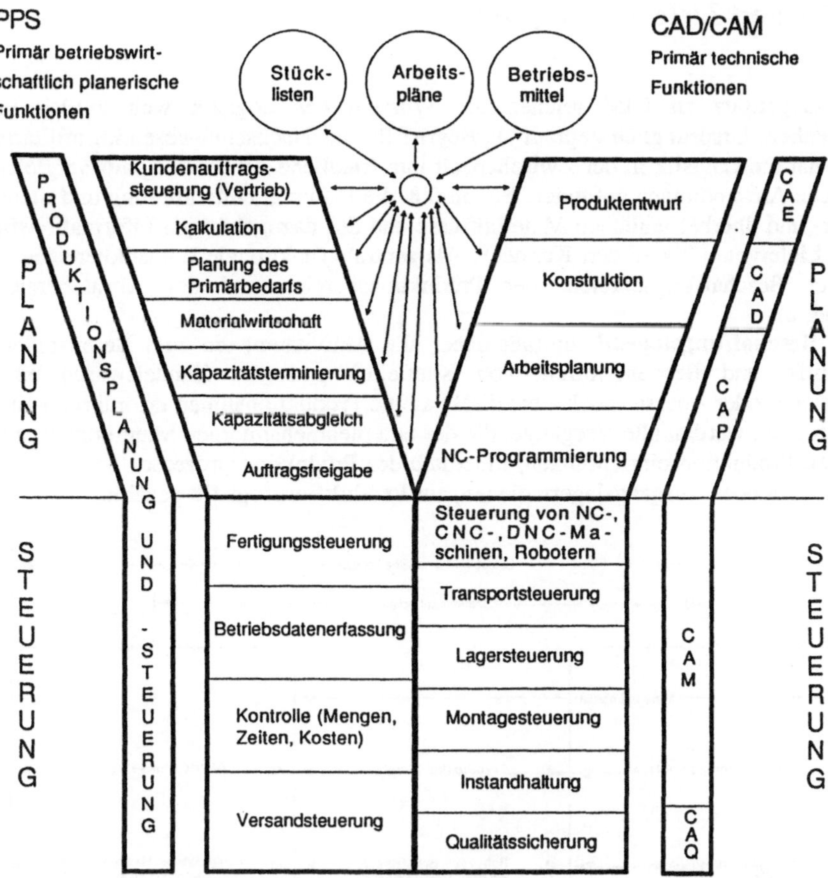

Abbildung 1: "Y" - Darstellung von CIM

Ziel von CIM ist es, einen einheitlichen **Informationsfluß** im Produktionsprozeß durch aufeinander abgestimmte Informations- und Kommunikationstechniken zu erreichen[3]. Dabei wird deutlich, daß CIM auf die informationstechnische Integration der Produktentwicklung und -herstellung abzielt und dabei von integrierten Abläufen der Auftragsabwicklung ausgeht. Dieser Anspruch ist nur mit einer gemeinsamen Datenbasis zu verwirklichen (**Datenintegration**), die die Voraussetzungen schafft für die beabsichtigte **Funktionsintegration**[4]. Dazu werden Rechnerhierarchien und -netze benötigt, die die verschiedenen Unternehmensbereiche informatorisch miteinander verknüpfen[5].

---

3   vgl. Scheer, A.-W.: Wirtschaftsinformatik - Informationssysteme im Industriebetrieb. 3. Aufl., Berlin u. a. 1990.

4   vgl. Scheer, A.-W.: EDV-orientierte Betriebswirtschaftslehre. 4. Aufl., Berlin u. a. 1990.

5   vgl. Venitz, U.: CIM Rahmenplanung. Berlin u. a. 1990, S. 157 ff.

3 Inhalte und Ziele der Logistik

Im Gegensatz zu CIM reichen die Wurzeln der Logistik weit zurück in die Vergangenheit. Ursprünglich geprägt als Begriff für das Nachschubwesen im militärischen Bereich, hat die Logistik in der Zwischenzeit ihre friedliche Anwendung auf vergleichbare betriebliche Anwendungen gefunden. Sie umfaßt die Planung, Durchführung und Steuerung der inner- und überbetrieblichen Materialflüsse und des dazugehörigen Informationsflusses von den Lieferanten bis zu den Kunden[6]. Als zentrale funktionale Logistikbereiche gelten dabei der Beschaffungsbereich, der Produktionsbereich und der Absatzbereich (s. Abbildung 2).

Die **Beschaffungslogistik** umfaßt dabei alle Aktivitäten, die zum Bereitstellen von Roh-, Hilfs- und Betriebsstoffen, von Kaufteilen und von Handelswaren bis zum Eingangslager oder - besser noch - bis direkt an die Produktionslinien erforderlich sind. Im Gegensatz dazu werden alle Vorgänge, die der unternehmensinternen Materialmanipulation hin zu den Produktionseinrichtungen, innerhalb des Produktionsprozesses und von dort zu Halbfabrikate- oder Ausgangslagern dienen, zur **Produktionslogistik** gezählt.

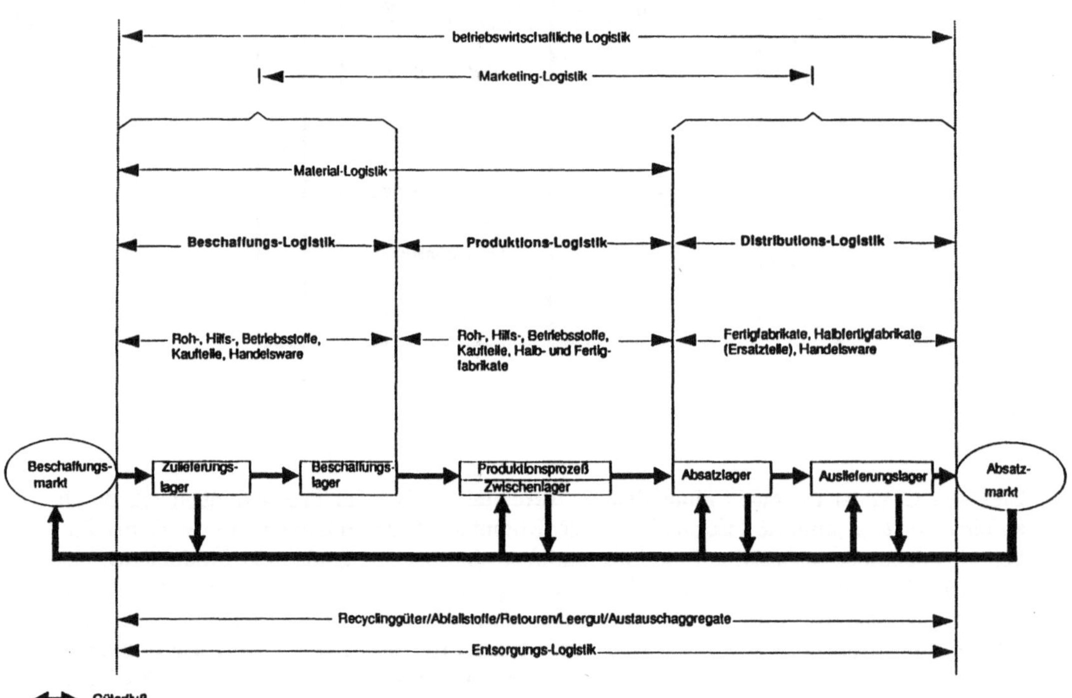

Abbildung 2: Funktionale Abgrenzung von Logistiksystemen nach Pfohl[7]

---

6   vgl. Weber, J.: Thesen zum Selbstverständnis der Logistik. ZfbF, 42(1990)11, S. 976 ff.

7   vgl Pfohl, H. C.: Logistiksysteme - Betriebswirtschaftliche Grundlagen. Berlin u. a. 1985, S. 16.

Geht es schließlich um den Güterfluß direkt aus der Produktion oder von einem zwischengeschalteten Ausgangslager zu den Kunden, so wird dies als **Distributionslogistik** bezeichnet.

Darüber hinaus wurden in neuerer Zeit noch weitere Logistik-Bereiche erschlossen, wie bspw. das Marketing (Marketing-Logistik) und die Entsorgung (Entsorgungslogistik).

Allen Logistik-Bereichen gemeinsam ist das Bemühen, als Querschnitts- und Koordinationsfunktion Rationalisierungspotentiale (die gesamten Logistikkosten betragen erfahrungsgemäß bei industriellen Produkten zwischen 10% und 20% des Umsatzes[8]) zu eröffnen und damit die Leistungsfähigkeit eines Unternehmens zu steigern.

4 Gemeinsamkeiten und Unterschiede von CIM und Logistik

Aus den vorstehenden Überlegungen wird deutlich, daß CIM und Logistik - obschon sie die gleichen Ziele verfolgen - dies aus durchaus unterschiedlichen Blickwinkeln tun. Beiden gemeinsam ist zunächst, daß sie als Querschnitts- und Koordinations-Strategien durch die integrative Verknüpfung bereits vorhandener betrieblicher Teilfunktionen Synergien freisetzen. Allerdings auf durchaus unterschiedlichen Feldern.

Während bei CIM die Gestaltung des **Informationsflusses** im Vordergrund steht, liegt der Schwerpunkt der Logistik in der optimalen Gestaltung des **physischen Warenflusses**. Da sich Material- und Informationsfluß aber stets gegenseitig bedingen, sind beide dennoch miteinander verwoben.

Ein zweiter Unterschied ist darin zu sehen, daß CIM primär auf integrierte unternehmens**interne** (vertikale) Ablaufketten abhebt, die Logistik dagegen primär unternehmens**übergreifende** (horizontale) Ablaufketten in den Vordergrund stellt.

Mit anderen Worten: Während CIM schwerpunktmäßig versucht, Potentiale im unternehmensinternen Bereich aufzuspüren, versucht die Logistik dies auch oder sogar schwerpunktmäßig, im unternehmensübergreifenden Bereich mit Lieferanten und Kunden. Im Bereich der Produktion, beim einen als Computer Aided Manufacturing (CAM) bezeichnet, beim anderen als Produktionslogistik bezeichnet, treffen beide Philosophien dann wieder aufeinander. Dort zeigt sich, wie sehr die hochproduktiven computergesteuerten Fertigungseinrichtungen auf eine optimale Logistik angewiesen sind, damit die kapitalintensiven Investitionen niemals unnötig zum Stillstand kommen. Dabei wird auch deutlich, daß die Grenzen zwischen beiden Philosophien fließend und eine eindeutig Abgrenzung kaum möglich ist.

Grundsätzlich wird aber auch klar, daß CIM und Logistik nicht als Alternativen oder gar Gegenspieler betrachtet werden dürfen, die sich ausschließen, sondern als zwei Disziplinen, die im Zusammenspiel einem Unternehmen wesentlich größeren Nutzen bringen als sie an Summe ihrer Einzelnutzen erzielen könnten (s. Abbildung 3).

---

8   vgl. Marquardt, H.: Voraussetzungen zur Realisierung einer durchgängigen Logistik-Kette. Partnerschaft zwischen Kunden und Lieferanten. In: Proceedings zum deutschen Logistik-Kongreß '90. Hrsg.: BVL. München 1990, S. 212 ff.

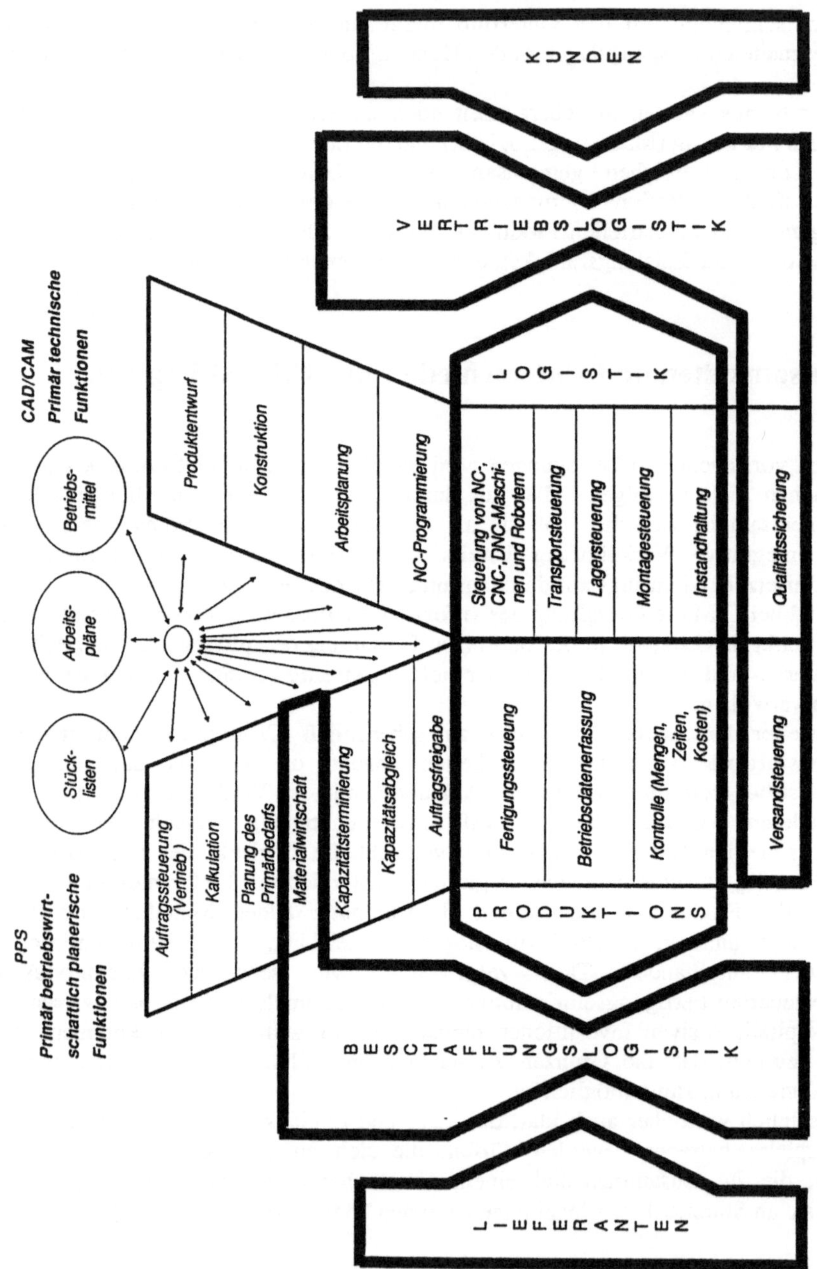

Abbildung 3: Überschneidungen und Unterschiede von CIM und Logistik

5 Voraussetzungen und Trends bei der Umsetzung integrierter Ablaufketten

Realisierungen integrierter CIM- und Logistik-Systeme, zumeist als Just-in-time-Konzepte bezeichnet, finden sich im Bereich der Fertigungsindustrie auch heute noch fast ausschließlich in der Automobilindustrie. Vergleichbar ausgefeilte Systeme, die zwar dem Produktionsgedanken weniger Rechnung tragen, dafür aber besonders ausgefeilte überbetriebliche Logistikkonzeptionen verfolgen, sind aus dem Pharmagroßhandel und aus dem Buchhandel bekannt. Mehrmals tägliche Belieferungen aufgrund automatisch abgerufener und elektronisch übertragener Kundenbestellungen sind hier der Regelfall, von dem andere Branchen nur träumen können (vgl. dazu auch die Ausführungen von Petri in diesem Band).

Unternehmen, die hier gleichziehen wollen und an eine Überarbeitung ihrer Fertigungs- und Logistikketten denken, müssen zunächst einmal analysieren, wo ihre Notwendigkeiten, Stärken und Schwächen in diesen Bereichen liegen und welche Voraussetzungen bestehen.

Im folgenden sollen daher einige Voraussetzungen und Trends aufgezeigt werden, die bei der Realisierung eine entscheidende Rolle spielen.

5.1 Verringerung der Fertigungstiefe

Bestimmend für den Erfolg eines Unternehmens ist die Tatsache, ob es gelingt, die strategischen Kernbereiche des Unternehmens so herauszuarbeiten, daß möglichst alle Kundenwünsche erfüllt werden können.

Um hier ein breites Spektrum befriedigen zu können, ohne in der Variantenvielfalt zu ersticken, ist es notwendig, das Produktspektrum eines Unternehmens in möglichst viele - vorzufertigende - Baugruppen zu zergliedern, die dann in der Montage kurzfristig zum kundenindividuellen Endprodukt zusammengestellt werden können. Aus Wirtschaftlichkeitsüberlegungen ist es allerdings nicht sinnvoll, alle diese Baugruppen selbst zu produzieren. Spezialisierungs-, Lagerhaltungs- und Risikoerwägungen sprechen dafür, diese - wo irgend möglich - von spezialisierten Vorlieferanten zu beziehen.

Lag der Eigenfertigungsanteil z. B. in der deutschen Automobilindustrie Anfang der 70er Jahre bei fast 70% und Anfang der 80er Jahre noch weit über 50%, stellen die gleichen Unternehmen Anfang der 90er Jahre nur noch etwa 40% ihrer Teile selbst her. Berücksichtigt man, daß in einer modernen Automobilfabrik am Tag mehrere Hundertausend Einzelteile verbaut werden, damit im Minutentakt neue PKW das Band verlassen können, wird deutlich, welches Potential hier schlummert (so weist beispielsweise die Daimler Benz AG Ende 1989 Vorräte im Wert von 18 Mrd. DM[9] aus). Gelingt es, diese Materialbestände auch nur um 10% zu senken, ergeben sich allein jährliche Zinseinsparungen in hundertfacher Millionenhöhe. Unberücksichtigt bleiben dabei Effekte, die durch verminderte Transport- und Lagerkosten und durch das "Nicht-Verschrotten-Müssen" unbrauchbar gewordener Teile entstehen. Was für die "Vorzeigebranche" Automobilindustrie gilt, gilt in gleicher Weise für jeden (Serien-) Produzenten, gleichgültig ob er nun Hausgeräte, Computer, Unterhaltungselektronik, Meßinstrumente, Pumpen oder was auch sonst immer herstellt.

---

9   vgl. Konzernbilanz 1989 der Daimler Benz AG. Geschäftsbericht 1989. Hrsg.: Daimler Benz AG. Stuttgart 1989, S. 70.

Daß hier aber noch ein deutlicher Nachholbedarf besteht, beweist eine Untersuchung der TU Berlin[10], die im Auftrage der Bundesvereinigung Logistik e.V. (BVL) bei Unternehmen des Handels und des produzierenden Gewerbes durchgeführt wurde. Die dort befragten Unternehmen gaben für 1990 noch einen Eigenfertigungsanteil von ca. 65% an, der bis zum Jahre 2000 auf gut 50% sinken soll.

5.2 Verringerung der Zahl der Lieferanten

Eine Tendenz, die in unmittelbarem Zusammenhang zu der obengenannten Verringerung der Fertigungstiefe steht, ist die - heute zumeist noch notwendige - gezielte Konzentration auf einige wenige Vorzugslieferanten. Aufgrund der notwendigen vertraglichen, logistischen und informationstechnischen Verzahnung, muß eine Auswahl von Unternehmen getroffen werden, mit denen dann langfristige vertragliche Bindungen und damit auch die Basis für eine überbetriebliche Integration geschaffen werden[11].

In der Praxis ist dies ein stufenweiser Prozeß, in dem das Vertrauensverhältnis stetig wächst.

Ein erster Schritt kann beispielsweise darin bestehen, daß die "Qualitäts-Eingangsprüfung" direkt beim Lieferanten durchgeführt wird und damit beim Kunden entfallen kann.

Ein möglicher zweiter Schritt ist die Realisierung einer fertigungssynchronen Beschaffung. Dies bedeutet, daß die Materialien direkt aus dem Ausgangslager des Lieferanten entnommen und ohne erneute Zwischenlagerung in die Produktion des Kunden gehen. Mit anderen Worten, der Kunde verlagert sein Eingangslager zum Lieferanten.

Die engste Lieferanten-Kunden-Beziehung besteht dann, wenn Lieferant und Kunde synchronisiert produzieren, Pufferlager sowohl ausgangs- wie eingangsseitig überflüssig werden. Dies kann im Extremfall sogar so weit gehen, daß Zulieferer eigens spezialisierte Werke (sog. Focused Factories) in unmittelbarer Nähe eines Hauptkunden errichten, um diesen optimal beliefern zu können. So geschehen beispielsweise für Daimler Benz im Werk Bremen, Audi im Werk Ingolstadt und BMW im Werk Regensburg[12]. Auf die dazu notwendigen informationstechnischen Verbindungen wird noch einzugehen sein.

Ein weiterer Schritt, der bei bestehenden engen Lieferanten-Kunden-Beziehungen in der Zukunft eine immer größere Bedeutung erhalten wird, ist die Einbindung von Zulieferern bereits in den Entwicklungsprozeß. Auf diese Weise können Entwicklungszeiten drastisch reduziert werden. Man denke an einen Automobilhersteller, der bereits in einem frühen Entwicklungsstadium eines neuen Modells, die per CAD entworfenen Konturen an seinen Zulieferer elektronisch überspielt, mit der Maßgabe, aufbauend auf diesen Daten ein neues Zulieferteil, beispielsweise einen Scheinwerfer, zu entwickeln. Haben die Techniker des Ausrüsters ihrerseits die gewünschte Komponente an ihrem CAD System entworfen, werden die Daten zurückübertragen und aufeinander abgestimmt[13]. Die Entscheidung "selbst fertigen oder nach außen vergeben?" kann somit auf stets aktuellen Informationen getroffen werden (s. Abbildung 4).

---

10   vgl. Baumgarten, H.: Trends in der Logistik - Basis für Unternehmensstrategien. In: Proceedings zum deutschen Logistik-Kongreß '90. Hrsg.: BVL. München 1990, S. 446 ff.

11   vgl. Waldmann, O.: Management-Aufgabe CIM/CAI. Zürich 1990, S. 119.

12   vgl. Berke, J.: Elektronische Partner. Wirtschaftswoche-Spezial-Supplement. (1987)5, S. 48.

13   vgl. Shankar, B.: Technische Meisterleistungen sind für die Katz - Zulieferer müssen in die Integration einbezogen werden. Computerwoche Extra. Ausgabe Nr. 2. München 1991, S. 30 ff.

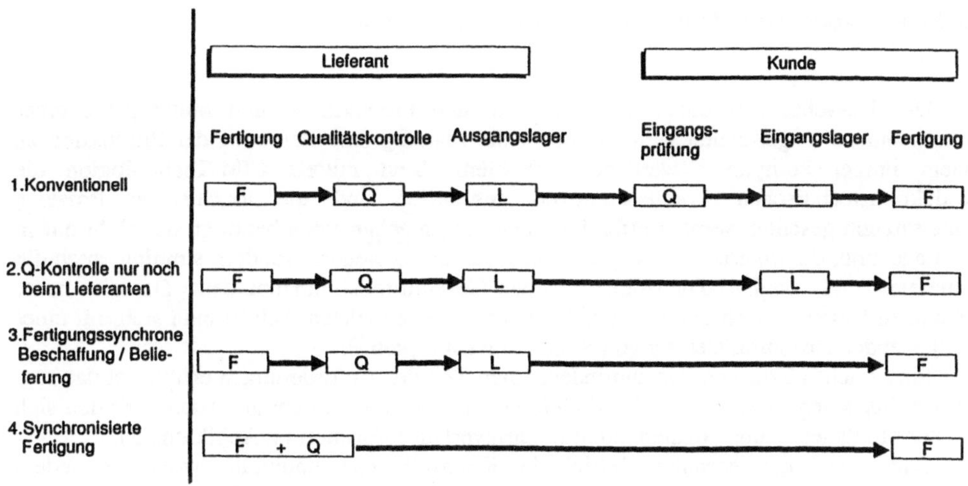

Abbildung 4: Schrittweiser Aufbau einer integrierten Lieferanten-Kunden Beziehung

5.3 Verringerung der Logistiktiefe

Ähnlich wie im Bereich der Fertigung, gewinnt auch die Frage nach dem "Make or Buy" logistischer Dienstleistungen immer größeres Gewicht. Die Gründe sind die gleichen. Die unternehmenseigenen Ressourcen sollen auf die primären Wertschöpfungsbereiche konzentriert werden und der Fixkostenblock transparent und damit kalkulierbar gemacht werden.

Die Tendenz, logistische Funktionen an Dritte zu vergeben, resultiert aus der größeren Effizienz, mit der diese Spezialbetriebe aufwarten können. Daß es dabei nicht bloß um die Außer-Haus-Vergabe von überbetrieblichen Transporten gehen muß, zeigt das Beispiel der BMW AG[14]. Dort werden zur gezielten Reduzierung der Logistiktiefe, Spezialunternehmen auch mit der Lagerbewirtschaftung, mit der Verpackungsplanung, der Abwicklung von innerbetrieblichen Rangiertätigkeiten und der kompletten Abwicklung des betrieblichen Fernverkehrs betraut.

---

14   vgl. Lenzen, B.: Reduzierung logistischer Fertigungstiefe in der Automobilindustrie. In: Proceedings zum deutschen Logistik-Kongreß '89. Hrsg.: BVL. München 1989, S. 868 ff.

5.4 Einsatz geeigneter Planungs- und Steuerungssysteme

Die Tatsache, daß zunehmend Dritte in den Produktions- und Materialfluß eines Unternehmens eingeschaltet werden, macht die Planung und Steuerung der Produktion zu einem immer komplexer werdenden Problem. Sind mittels CIM-Technologien die produktionstechnischen Voraussetzungen geschaffen und die logistischen Prozesse grundsätzlich gestaltet, werden effektive Steuerungsmechanismen benötigt, die nicht nur in der Lage sind, die unternehmenseigenen Ressourcen zu steuern, sondern simultan auch die Zulieferer und Logistik-Dienstleister in den Gesamtprozeß einzubinden. Da die heute bekannten Systeme noch kaum in der Lage sind dies zu leisten, behilft man sich mit einer weitgehenden Dezentralisierung von Steuerungskonzepten[15].

Eine solches Konzept, das zumindest einen Teil der Anforderungen erfüllt, ist das sog. Fortschrittszahlensystem, da es die Zulieferer mit einem Minimum an Daten über den sich aus der Montageplanung abzuleitenden Bedarfsverlauf informiert (s. Abbildung 5).

Dazu wird der gesamte Betrieb in Kontrollblöcke unterteilt, wobei in jedem Kontrollblock die ein- und ausgehenden Stückzahlen der betrachteten Teile gezählt werden.

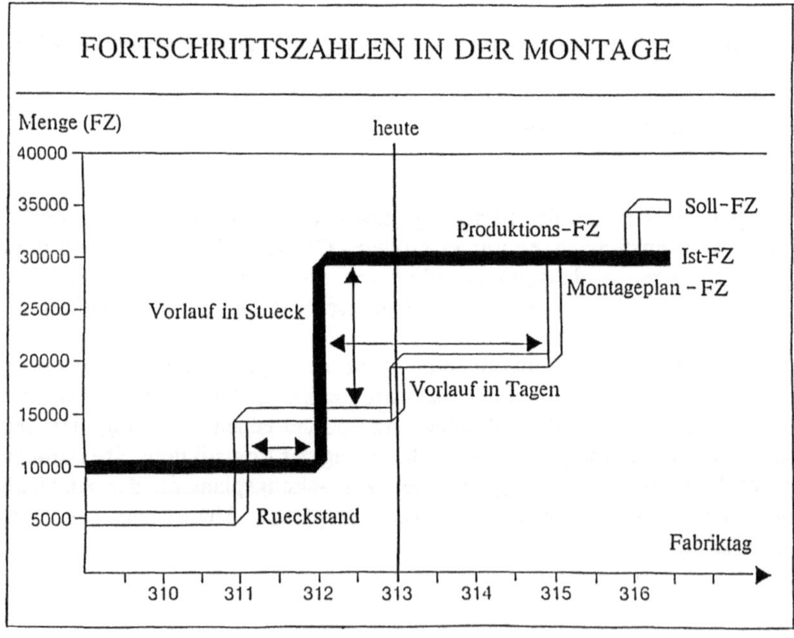

Abbildung 5: Arbeitsweise des Fortschrittszahlenkonzeptes[16]

---

15   vgl. Wildemann, H.: Forschungsfelder für vernetzte Informationsfluß- und Materialflußkonzepte in Produktion und Logistik. In: CIM - Integration und Vernetzung. Hrsg.: Noak, Wegner, Gluch, Dienhart. Berlin u. a. 1990, S. 179 ff.

16   vgl. Mertens, P.: Industrielle Datenverarbeitung I. 7. Aufl., Wiesbaden 1988, S. 121.

Werden nun die ausgehenden Stückzahlen fortlaufend an den oder die zuständigen Lieferanten übermittelt, können diese aus dem Verbrauchsverlauf ableiten, wann und in welchem Rhythmus sie weitere Teile anzuliefern haben (zur Arbeitsweise des Fortschrittszahlensystems vergleiche z. B. auch Meyer[17], ACTIS[18]).

Das genannte Verfahren ist aber nur ein erster Schritt in diese Richtung. Der nicht unerhebliche Aufwand an Festlegungen und Abstimmungen lohnt sich bis heute nur bei der Fertigung größerer Stückzahlen. Will ein Unternehmen auch kurzfristig eine Verlagerung zu Vorlieferanten vornehmen, müssen viel komplexere Informationsvernetzungen realisiert werden. So muß bekannt sein, welche Fertigungsverfahren grundsätzlich angeboten werden können und welche Kapazitäten im relevanten Zeitraum zur Verfügung stehen. PPS-Systeme der Zukunft müssen also in der Lage sein, die Zulieferer informationstechnisch in die Fabrik der Zukunft zu integrieren.

5.5 Einsatz geeigneter Verfahren des Elektronischen Datenaustausches

Es ist offensichtlich, daß bei all den geschilderten Informationsverflechtungen große Datenmengen entstehen, die sehr zeitnah ausgetauscht werden müssen. Zur Übermittlung administrativer Daten (Lieferabrufe, Aufträge, Rechnungsdaten, ...), sind von unterschiedlichen Branchen verschiedene Verfahren (VDA-DFÜ, SEDAS, ODETTE, ...) entwickelt worden, die sich alle unter dem Schlagwort Electronic Data Interchange (EDI) zusammenfassen lassen. EDI verbindet auf elektronischem Wege Kunden, Lieferanten und Transportbetriebe, die an einem optimierten Material- und Transportfluß beteiligt sind.

Die Verbreitung von EDI über Länder und Branchen hinweg ist allerdings nur möglich, wenn sich alle Kommunikationspartner an einheitliche, international vereinbarte Standards halten. Es spricht alles dafür, daß EDIFACT (Electronic Data Interchange for Administration and Commerce and Transport) dieser Standard sein wird. Immer mehr Hersteller von Softwaresystemen bieten daher EDI-Komponenten an, die es erlauben, aus konventionellen kommerziellen Softwaresystemen, Nachrichten automatisiert zu versenden[19]. Wie diese Technologien die logistische Kette verändern und welche inner- und überbetrieblichen Vorteile entstehen, zeigt Scheer[20] am Beispiel der Automobilindustrie.

Weniger weit fortgeschritten ist die Situation bei der Übertragung graphischer Daten. Obwohl auch hier standardisierte Schnittstellen wie bspw. IGES bestehen, sind - bedingt durch die technischen Eigenarten der verschiedenen CAD-Systeme - noch weit größere Schwierigkeiten zu überwinden. Wie stark der Elektronische Datenaustausch zunehmen wird, zeigt auch die bereits zitierte Studie der TU Berlin. Dort gehen die befragten Unternehmen davon aus, daß es bis zum Jahre 1995 zu einer Verdreifachung und bis zum Jahre 2000 zu einer Verfünffachung des heutigen Elektronischen Datenaustausches kommen wird.

---

17   vgl. Meyer, B.: Überbetriebliche Integration von Datenfernübertragung und Fortschrittszahlen. In: Computer Integrated Manufacturing. Einsatz in der mittelständischen Wirtschaft. Fachtagung. Hrsg.: A.-W. Scheer. Berlin u.a. 1988, S. 125 ff.

18   vgl. Leistungsbeschreibung FORS. Hrsg.: ACTIS. Stuttgart 1988.

19   vgl. SAP-EDI - Elektronischer Datenaustausch. Funktionsbeschreibung. Hrsg.: SAP AG. Walldorf 1990.

20   vgl. Scheer, A.-W.: CIM - Computer Integrated Manufacturing. Der computergesteuerte Industriebetrieb. 4. Auflage. Berlin u. a. 1990, S. 182 ff.

6 Zusammenfassung und Ausblick

Die Entwicklung integrierter Systeme verlangt strategisches Denken und Handeln. CIM und Logistik sind zwei Strategien, die aus unterschiedlichen Sichtweisen versuchen, Integration zu erreichen. Während CIM stärker den integrierten Informationsfluß von der Produktentwicklung bis zur Auslieferung an den Kunden betont, stellt die Logistik den Materialfluß in den Vordergrund. Da sich aber Material- und Informationsfluß gegenseitig bedingen, kann keines der beiden Konzepte für sich alleine bestehen.

Integrierte Systeme erfordern Veränderungen auf vielen Ebenen.

Ein Basismaßnahme ist zunächst das Vereinfachen der Strukturen (Verringerung der Fertigungstiefe, Verringerung der Zahl der Lieferanten, Verringerung der Logistiktiefe). Nur wenn die Komplexität von vorneherein beschränkt wird, können "Integrations-Ruinen", wie sie sich leider häufiger als Ergebnis zu ehrgeizig angesetzter Projekte ergeben, vermieden werden[21].

Aufbauend auf vereinfachten Strukturen, kann dann im nächsten Schritt die Synchronistaion der Informations- und Materialflüsse angegangen werden. Geeignete PPS-Strategien bilden hier den Kristallisationspunkt.

Dabei zeigt sich auch schnell, daß, soll der Materialfluß den Informationsfluß nicht überholen, auf einen automatisierten inner- und überbetrieblichen Datenaustausch nicht verzichtet werden kann.

Die hier vorgenommene Auswahl der Maßnahmen ist bei weitem nicht vollständig. Sie gibt aber Hinweise, wo Schwerpunkte liegen und in welchen Schritten eine erfolgreiche Umsetzung angegangen werden kann.

Literaturverzeichnis

ACTIS (Hrsg.):
Leistungsbeschreibung FORS. Stuttgart 1988.

Baumgarten, H.:
Trends in der Logistik - Basis für Unternehmensstrategien. In: Proceedings zum deutschen Logistik-Kongreß '90. Hrsg.: BVL. München 1990, S. 446 ff.

Berke, J.:
Elektronische Partner. Wirtschaftswoche-Spezial-Supplement. Nr. 5, 1987.

Daimler Benz AG (Hrsg.):
Konzernbilanz 1989 der Daimler Benz AG. Geschäftsbericht 1989. Stuttgart 1989

Harrington, J.:
Computer Integrated Manufacturing. New York 1973.

Lenzen, B.:
Reduzierung logistischer Fertigungstiefe in der Automobilindustrie. In: Proceedings zum deutschen Logistik-Kongreß '89. Hrsg.: BVL. München 1989, S. 868 ff.

---

21   vgl. Scheer, A.-W.: Gut CIM will Weile haben - CIM Ruinen sind nicht zu übersehen. In: Computerwoche Extra. Ausgabe Nr. 3. München 1990, S. 6 ff.

Marquardt, H.:
Voraussetzungen zur Realisierung einer durchgängigen Logistik-Kette. Partnerschaft zwischen Kunden und Lieferanten. In: Proceedings zum deutschen Logistik-Kongreß '90. Hrsg.: BVL. München 1990, S. 212 ff.

Mertens, P.:
Industrielle Datenverarbeitung I. 7. Aufl., Wiesbaden 1988.

Meyer, B.:
Überbetriebliche Integration von Datenfernübertragung und Fortschrittszahlen. In: Computer Integrated Manufacturing. Einsatz in der mittelständischen Wirtschaft. Fachtagung. Hrsg.: A.-W. Scheer. Berlin u.a. 1988, S. 125 ff.

Pfohl, H. C.:
Logistiksysteme - Betriebswirtschaftliche Grundlagen. Berlin u. a. 1985.

SAP AG (Hrsg.):
SAP-EDI - Elektronischer Datenaustausch. Funktionsbeschreibung. Walldorf 1990.

Scheer, A.-W.:
Factory of the Future. In: Veröffentlichungen des Instituts für Wirtschaftsinformatik. Heft 42. Hrsg.: A.-W. Scheer. Saarbrücken 1983.

Scheer, A.-W.:
CIM - Computer Integrated Manufacturing. Der computergesteuerte Industriebetrieb. 4. Auflage. Berlin u. a. 1990.

Scheer, A.-W.:
EDV-orientierte Betriebswirtschaftslehre. 4. Aufl., Berlin u. a. 1990.

Scheer, A.-W.:
Gut CIM will Weile haben - CIM Ruinen sind nicht zu übersehen. In: Computerwoche Extra. Ausgabe Nr. 3. München 1990, S. 6 ff.

Scheer, A.-W.:
Wirtschaftsinformatik - Informationssysteme im Industriebetrieb. 3. Aufl., Berlin u. a. 1990.

Shankar, B.:
Technische Meisterleistungen sind für die Katz - Zulieferer müssen in die Integration einbezogen werden. Computerwoche Extra. Ausgabe Nr. 2. München 1991, S. 30 ff.

Venitz, U.:
CIM Rahmenplanung. Berlin u. a. 1990.

Waldmann, O.:
Management-Aufgabe CIM/CAI. Zürich 1990.

Weber, J.:
Thesen zum Selbstverständnis der Logistik. ZfbF, 42(1990)11, S. 976 ff.

Wildemann, H.:
Forschungsfelder für vernetzte Informationsfluß- und Materialflußkonzepte in Produktion und Logistik. In: CIM - Integration und Vernetzung. Hrsg.: Noak, Wegner, Gluch, Dienhart. Berlin u. a. 1990, S. 179 ff.

Logistische Informationssysteme im Pharmagroßhandel

Von Prof. Dr. Christian Petri, Würzburg

Inhaltsübersicht

1   Vorbemerkungen

1.1   Der pharmazeutische Großhandel in der Bundesrepublik

Die Großhandelsunternehmen im Pharma-Bereich sind das Bindeglied zwischen den bundesdeutschen Apotheken und den pharmazeutischen Herstellern. Von weit über 100.000 lieferbaren Artikeln verfügt eine Apotheke meist nur über einige Tausend (ca. 6-8.000) in ihrem eigenen Sortiment. Aufgrund der doppelten Zielsetzung

- Vermeidung von entgangenem Umsatz (Fehlverkäufen)
- bei niedrigen Lagerhaltungskosten (oftmals durch die begrenzte Raumsituation vorgegeben)

bedarf es für die Apotheke eines kurzfristig verfügbaren Hintergrundlagers, den pharmazeutischen Großhandel. Von diesem wird erwartet, daß er die benötigte Ware schnell, pünktlich und fehlerfrei zustellt.

Aufgrund der in den 70er und 80er Jahren harten Konkurrenzsituation sind hier seitens der Großhandelsunternehmen frühzeitig Chancen erkannt worden, über logistische Leistungen Kunden zu gewinnen. Deutlich früher als in anderen Branchen wurden hier leistungsfähige Warenwirtschaftssysteme entwickelt.[1] Diese hatten dabei nicht nur die Aufgabe einen effizienten unternehmensinternen Ablauf zu gestalten, sondern dienten auch zur wettbewerbspolitischen Beeinflussung des Kundenverhaltens.

Im Gegensatz zu anderen Branchen war eine Ausschaltung der Zwischenstufe zwischen Industrie und Einzelhandelsebene nicht möglich, da der Großhandel wesentliche eigenständige Aufgaben besitzt. Allerdings ist eine starke Konzentration sowohl der Unternehmen als auch der Betriebsstätten zu verzeichnen. So teilen sich heute 6 Gruppen, die untereinander teilweise nochmals verflochten sind, über 80% des Marktes.[2]

Der pharmazeutische Großhandel erfüllt im wesentlichen folgende Aufgaben:[3]

- Distribution:
  Zwischen Auftragserteilung durch die Apotheke und Warenzustellung vor Ort vergehen ca. 2 Stunden. Eine mehrfache tägliche Belieferung der Apotheken durch meist 2 - 3 Großhändler ist die Regel.
- Lagerhaltung:
  Die Lagerhaltung des pharmazeutischen Großhandels schafft den zeitlichen Ausgleich zwischen Produktion und Konsumption, zu dem die Apotheke aufgrund ihrer eigenen geringen Bestandstiefe nicht in der Lage ist.

---

1   vgl. Scheer, A.-W.: Disposition und Bestellwesen als Baustein zu integrierten Warenwirtschaftssystemen. In: Veröffentlichungen des Instituts für Wirtschaftsinformatik. Heft 33. Hrsg: A.-W. Scheer. Saarbrücken 1983; vgl. Scheer, A.-W.: EDV-orientierte Betriebswirtschaftslehre. 4. Aufl., Berlin u. a. 1990, S. 226 ff.

2   Dies sind: die Apothekergenossenschaften (Egwa, Wiveda, Noweda), Andreae Noris Zahn, Merckle-Gruppe (Reichelt, Hageda, Stumpf), Gehe/Ruwa, Ferd. Schulze und von der Linde; vgl. auch: o. V.: Pharmahandel - Kampf ums Konzept. Wirtschaftswoche Nr. 28/1987, S.136 - 137.

3   vgl. Phagro: Stellung des pharmazeutischen Großhandels in den 80er Jahren. Kiel 1980, S. 43 - 48.

-   Dienstleistungsfunktion:
    Zahlreiche, auch EDV-gestützte, Service-Angebote (Informationsleistungen, Beratungsleistungen, Vorfinanzierung) zur Marktbearbeitung runden die Vertriebsaktivitäten ab.

1.2 Logistische Informationssysteme im Handel

Zur Bezeichnung der Informationssysteme wurde bewußt auf den Begriff Warenwirtschaft verzichtet, da dieser in seiner traditionellen Bedeutung zu eng erscheint. Warenwirtschaft legt den Schwerpunkt auf die administrativen Tätigkeiten des Warenabgangs und -zugangs. Dies wird auch aus den in der Literatur üblicherweise genannten Funktionen (Stammdatenverwaltung, Disposition, Bestellwesen, Wareneingang, Rechnungsprüfung, Lagerhaltung, Warenausgang/Verkauf, Informationssystem) deutlich. Nur selten werden die innerbetrieblich automatisierten Lagerprozesse des Transports und des Handlings explizit erwähnt. Insofern sind Warenwirtschaftssysteme als eine Untermenge der logistischen Informationssysteme zu sehen.

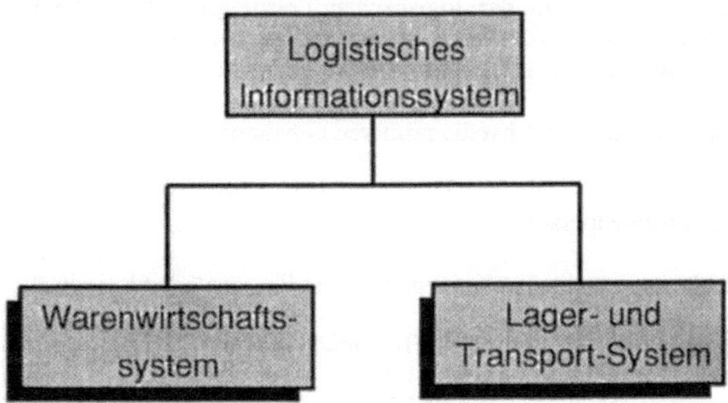

Abbildung 1: Logistische Informationssysteme im Handel

Die notwendigen logistischen und EDV-technischen Vorkehrungen im Pharma-Großhandel sind umfangreich. Sie betreffen:

1. die weitgehend computergestützte Auftragsabwicklung zwischen Apotheke und Großhandel per Datenfernübertragung,
2. die teilweise rechnergesteuerten Lager-, Förder- und Kommissioniertechniken zur effizienten innerbetrieblichen Auftragssteuerung sowie
3. die weitgehend automatisiert ablaufende Disposition mit Übermittlung der Bestelldaten an die Industrie.

Die betrieblichen Logistikkapazitäten der Großhandelsunternehmen sind weitgehend auf einen Spitzenbetrieb der Apothekenbelieferung zur Mittags- und Spätnachmittagszeit ausgerichtet.

Der logistische Kreislauf zwischen der Einzelhandelsstufe (Apotheke), dem Großhandel und der Industrie ist in Abbildung 2 enthalten.

Hier wird deutlich, daß die eingesetzten Informationssysteme intensive Schnittstellen nach außen besitzen.

2 Logistische Primärleistungen und ihre EDV-technische Unterstützung

Die vom Pharma-Großhandel erbrachten Logistikleistungen lassen sich grob in zwei Klassen einteilen:

-   unmittelbar mit der Leistungserstellung des Großhandels verbundene Logistikaktivitäten der Auftragsabwicklung, der Lagerhaltung, des Lagerumschlags, der Beschaffung und des Transports (primäre Leistungen),
-   zusätzliche, im Umfeld der logistischen Leistungserstellung heute aufgrund von Markt- und Konkurrenzsituationen notwendige Leistungen. Dies entspricht einem erweiterten Servicegedanken (sekundäre Leistungen).[4]

In diesem Kapitel werden zunächst die primären Leistungen betrachtet.

2.1 Die Distributionslogistik

Die vertriebsunterstützenden Systeme der Distributionslogistik sind:

-   die Auftragsannahme mit diversen Techniken (Kapitel 2.1.1),
-   die Versandabwicklung (Kapitel 2.1.2),
-   die Systeme des Marketing (Kapitel 3.3).

2.1.1 Die Systeme der Auftragsannahme

Die mehrfache tägliche Belieferung der Kunden unter extremen zeitlichen Restriktionen stellt die Hauptanforderung an die Informationsverarbeitung. Die Auslegung der informationstechnologischen Infrastruktur (Hardware, Netzwerk) ist auf die jeweiligen Spitzenzeiten ausgerichtet.

---

4   zur Abgrenzung primäre und sekundäre Logistikleistungen vgl. auch Pfohl, H.-C.: Logistiksysteme -
        Betriebswirtschaftliche Grundlagen. 4. Aufl., Berlin u. a. 1990, S. 25 ff.; vgl. auch Pfohl, H.-C.: Zur
        Formulierung einer Lieferservicepolitik - Theoretische Aussagen zum Angebot von Sekundärleistungen
        als absatzpolitisches Instrument. In: ZfbF 29(1977)5, S. 239 - 255; vgl. Stock, J.R.; Lambert, D.M.:
        Strategic Logistics Management, 2nd ed., Homewood, Ill. 1987.

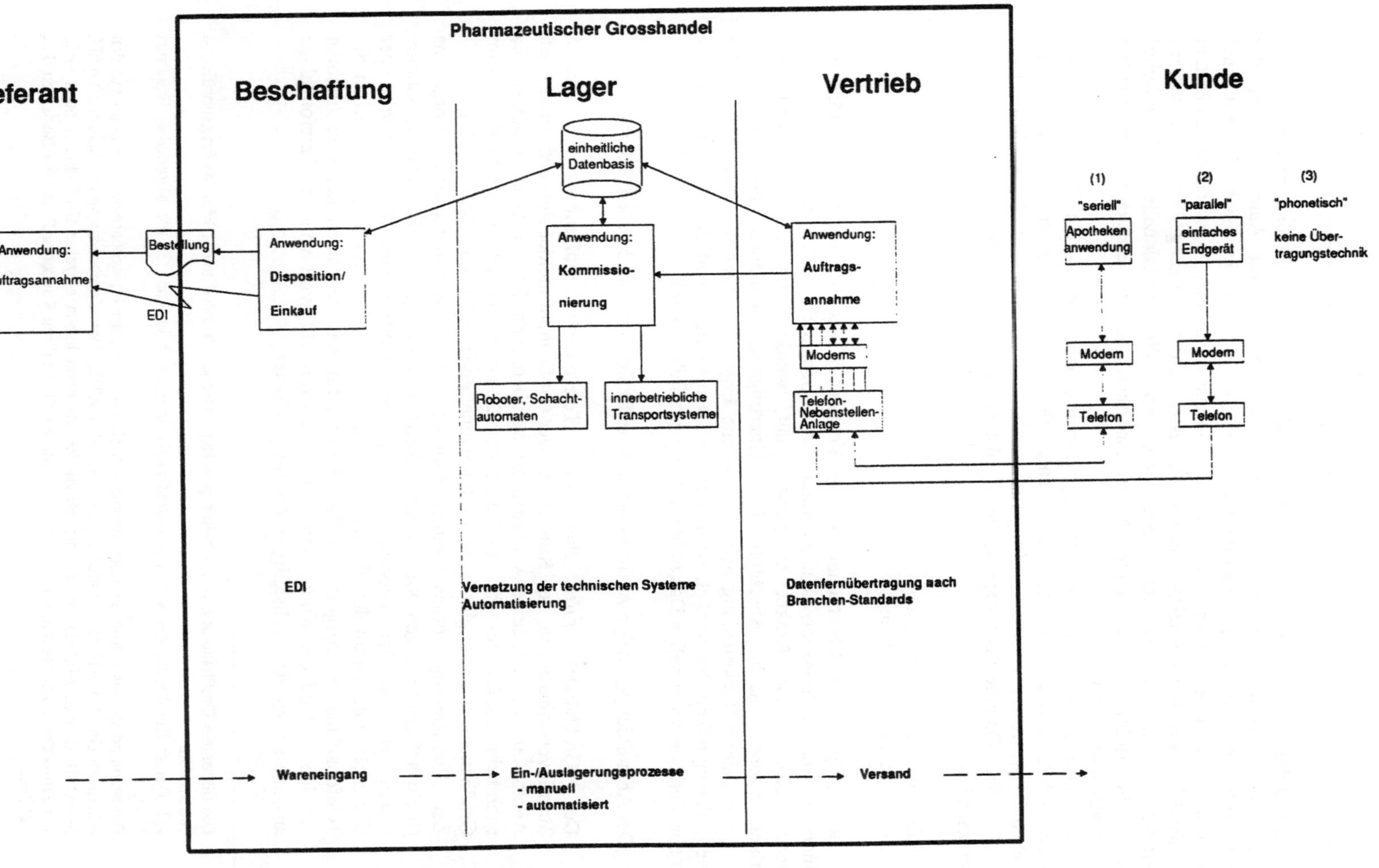

Abbildung 2: Der logistische Waren- und Informationsfluß

Angesichts einer hohen Zahl von Auftragspositionen[5] mit relativ niedrigem Einzelwert wurden bereits Anfang der 70er Jahre erste Bestrebungen zur Automatisierung der Kundenauftragsübermittlung unternommen.[6] Heute werden je nach Region und Großhandelsunternehmen etwa 70% - 90% der Auftragspositionen zwischen Apotheke und Großhandel nach brancheneinheitlichen Standards unter Nutzung des Telefonnetzes übertragen.[7] Daneben existiert nach wie vor die traditionelle "phonetische" Auftragsübermittlung, bei der Kunden ihre Bestellungen einem Mitarbeiter des Großhandels fernmündlich mitteilen.

Die phonetische Auftragsübermittlung war von jeher bereits ein Dialog zwischen Kunde und Großhandel, bei dem der Kunde die Auftragspositionen übermittelte, der Großhandel im wesentlichen die Auftragshöhe und die nicht verfügbaren Artikel benannte.

Bei der Datenfernübertragung sind historisch gesehen zwei Alternativen zu unterscheiden:

- die "parallele" Übertragung,
- die "serielle" Übertragung.

Bei der parallelen Übertragung (ältere Version) ist es nur möglich, Aufträge des Kunden an das Auftragsabwicklungsmodul des Großhandels zu übertragen. Damit der Kunde weiß, welche Artikel er nicht erhält, werden ihm die nicht vorrätigen Artikelpositionen nach Abschluß der Übertragung mündlich mitgeteilt. Eine vollautomatisierte Rückmeldung über wesentliche Ergebnisse (korrekte Verarbeitung der Daten, Verfügbarkeit der Artikel, Auftragshöhe, Bereitstellung von Ersatzartikeln) ist erst mit der Methode der seriellen Datenübermittlung möglich geworden.

Der Ablauf der <u>parallelen</u> Auftragsannahme stellt sich vereinfacht wie folgt dar:

1.   Der Großhandel ruft über das Telefonnetz (aufgrund von festen Terminvereinbarungen) den Kunden an. Der Großhandel meldet sich und fordert den Apotheker dann auf, seine Auftragsdaten zu übertragen. Sowohl beim Apotheker als auch beim Großhandel wird das Telefongespräch dann manuell auf ein Modem (beim Großhandel ist dies zugleich identisch mit einer anderen Nebenstelle) umgelegt.
Zur Reduzierung dieses zeitaufwendigen und personalintensiven Vorgehens (Mehrfachanrufe wegen Nichterreichbarkeit) setzen einige Großhandelsunternehmen hierzu automatische Ansagetexte ein. In Abhängigkeit der Uhrzeit, der Kapazitätssituation an den Bedienplätzen und den verfügbaren Leitungen erhält die Telefonanlage rechnergesteuert den Auftrag für das Anwählen eines bestimmten Kunden. Sobald der Kunde seine Daten übermittelt, wird von der Telefonanlage automatisch auf das nächste freie Modem geschaltet.

---

5   Die führenden Großhandlungen bearbeiten pro Tag zwischen 400.000 und 1 Mio. Auftragspositionen bundesweit.

6   vgl. Dateg: Einführung der seriellen Datenfernübertragung. Mitteilung an die Mitglieder, Frankfurt 1985.

7   Die Standardisierung erfolgt in einer technischen Kommission, der im wesentlichen Vertreter aus den führenden Großhandelsunternehmen angehören, vgl. DATEG Datenfernübertragungsgesellschaft mbH, Frankfurt: diverse Mitteilungen an die Mitglieder; daneben haben einzelne Großhändler auch nicht standardisierte Datenübermittlungs-Verfahren individuell mit ihren Kunden, z.B. auf der Basis von Btx, etabliert.

2.   Der Auftrag der Apotheke wird entgegengenommen. Zunächst sendet sie eine Identifikationsnummer, im Anschluß daran die Positionen.

3.   Sämtliche Auftragspositionen des Apothekers werden via Telefonnetz auf die Telefonnebenstellenanlage, weiter über Modem an die Anwendung "Auftragsannahme" des Großhandels durchgereicht. Die Positionen werden sofort entschlüsselt und auf ihre Verfügbarkeit hin überprüft. Bei einer Nichtverfügbarkeit werden alternative Behandlungsmöglichkeiten untersucht (z.B. Nachlieferungen, Ersatzartikel ...).

4.   Übermittelt der Kunde eine Ende-Kennung, wird diese vom Großhandel erkannt, die Telefonanlage schaltet das Gespräch wieder zurück zu dem Arbeitsplatz von dem der Auftrag angenommen wurde. In der Zwischenzeit hat der Mitarbeiter an diesem Arbeitsplatz nicht weiter arbeiten können.

Hat der Großhandel hingegen mittels des in Ablaufschritt 1 beschriebenen automatischen Anrufs den Kunde zur Übertragung seiner Daten aufgefordert, so ist es Aufgabe der Telefonanlage in Verbindung mit dem Verarbeitungsrechner einen freien Arbeitsplatz zu ermitteln und das Gespräch dorthin zu vermitteln.

Neben dem Umstellen des Gesprächs auf den freien Arbeitsplatz, muß auch das Ergebnis der Auftragsannahme auf dem zu diesem Arbeitsplatz gehörigen Bildschirm angezeigt werden. Der Bearbeiter informiert jetzt den Kunden mündlich über die nicht verfügbaren Positionen und löst evtl. Ersatzbeschaffungen aus. Damit ist die Auftragsübermittlung abgeschlossen.

Diese Form der Auftragsübermittlung wurde in den Grundsätzen bereits in den 60er Jahren entwickelt. Neben den unbestreitbaren Vorteilen der Beschleunigung der Auftragsübermittlung besitzt sie wesentliche Nachteile:

-    hoher Personalbedarf bei der Übermittlung auf beiden Seiten,
-    nur einseitige Kommunikation,
-    beschränkter Funktionsumfang realisierbar.

Die deshalb stärker vordringende serielle Übertragung (heute erst etwa gleich stark wie die parallele) umgeht diese Probleme teilweise. Hier liegt eine Rechner-Rechner-Kopplung (unter Nutzung des Telefonnetzes) zugrunde. Der Ablauf stellt sich wie folgt dar:

1.   Der Großhandel ruft zur vereinbarten Zeit über das Telefonnetz einen Apotheken-Rechner an. Dieser erwartet zunächst die Identifikationsmeldung des Großhandels. Die heute vorhandenen Apothekensysteme sind so ausgelegt, daß die Apotheke eine strikte Trennung der beliefernden Großhändler nach Sortimenten, angestrebten Umsätzen etc. vorgeben kann.

2.   Aufgrund der Identifikationsmeldung des Großhandels meldet sich der Apotheken-Rechner mit einer eigenen Identifikation. Im Anschluß daran erfolgt die Positionsübermittlung.

3.   Die Auftragsdaten des Kunden werden wie oben entschlüsselt und verarbeitet.

4.   Nicht lieferbare Positionen werden sofort vom Großhandelsrechner an den Apothekenrechner zurückgemeldet. Der Apotheker kann diese Positionen dann einem anderen Großhändler zuordnen.

Zusätzlich existieren diverse weitere Möglichkeiten zur Kommunikation zwischen Apotheke und Großhandel:

- Übermittlung von Texten (Mailbox, beiderseitige Kommunikation),
- Übermittlung von Auftragsendsummen (Großhandel -> Apotheke),
- spezielle Aktionen (Apotheke -> Großhandel, z.B. Bitte um Rückruf).

Diese Schritte verlangen in beiden dargestellten Fällen eine ausgefeilte Technik der Informationsweitergabe. Dazu müssen Modems, Telefonnebenstellenanlagen und Großrechner miteinander verknüpft werden.

Die Standardisierung der Übertragung verlangt nicht nur einheitliche Datenformate (Protokolle), sondern auch entsprechend standardisierte Endgeräte beim Einzelhandel, die mit allen Großhandlungen kommunizieren können. Auch hier haben einzelne Großhandlungen Aktivitäten entfaltet (vgl. Kap. 3.3.2).

Mit Abschluß der Auftragsannahme beginnt die innerbetriebliche Logistik. Die als lieferbar ermittelten Aufträge werden unter Lagergesichtspunkten aufbereitet und im Lager entsprechend kommissioniert (vgl. Kapitel 2.2). Fertig kommissionierte Aufträge werden dann im Versandpunkt kontrolliert und an die Apotheke zugestellt.

2.1.2 Die Versandsteuerung

Der physische Warentransport vom Großhandel zu den Apotheken erfolgt i. d. R. über Fremdversender, denen exakte Vorgaben über

- Abfahrtzeit,
- Reihenfolge der Kundenanfahrt,
- Fahrtzeiten und -wege zwischen den einzelnen Entladepunkten,
- Be- und Entladezeiten

vorgegeben sind.

Der Versand wurde bereits frühzeitig als ein wesentlicher Erfolgsfaktor erkannt; Rationalisierungspotentiale wurden intensiv erarbeitet. Traditionelle manuelle Verfahren der Touren- und Transportkostenoptimierung genügen den hohen Ansprüchen nicht mehr. Statt dessen sind hier intensive EDV-gestützte Methoden (in der Regel heuristische Verfahren) eingesetzt, um zu besseren Ergebnissen zu kommen. Abweichend von der klassischen Travelling-Salesman-Problematik dominiert hier nicht das Ziel einer Wegeoptimierung, sondern eine Kombination aus Wege- und Zeitoptimierung (wichtige Nebenbedingung: Bestellung bis Auslieferung ca. 2 Stunden und weniger!).

Die Planung der Versandabwicklung ist von eminenter Wichtigkeit, da hier wesentliche betriebliche Faktoren bestimmt werden. Durch die Versandplanung wird

- eine Vereinbarung mit dem Kunden über den Anlieferungszeitpunkt geschlossen,
- der Verlauf von Auslieferungstouren beeinflußt,
- damit die Abfahrtszeit von Touren bestimmt,
- Lade- und Entlade-Anweisungen an den Spediteur/Transporteur gegeben,

- rückwirkend bestimmt, wann im Lager die Kommissionierung für einen Kunden beginnen muß,
- zugleich festgelegt, wann beim Kunden der Auftrag geholt werden muß (Anrufterminierung),
- somit in erheblichem Maß die bereitzustellende Personalkapazität determiniert.

Aufgrund der Wettbewerbssituation und der Kundenanforderungen sind die Belastungsspitzen in Auftragsannahme und Lager nur in geringem Umfang reduzierbar.

Die Versand- und Tourenoptimierung ist zwar von hoher wirtschaftlicher Bedeutung, stellt aber EDV-technisch keine allzugroßen Schwierigkeiten dar, da sie im Gegensatz zur Auftragsannahme als zeitunkritisch betrachtet werden kann.

2.2 Die innerbetriebliche Logistik

Die innerbetriebliche Logistik ist weitgehend durch die zu erbringenden Kommissioniervorgänge, die dazu notwendigen Techniken und die Organisation bestimmt.

2.2.1 Die Lagerorganisation

Die Lagerorganisation kann wie folgt charakterisiert werden:

1. Statische Lagerung in Regalböden (teilweise auch geschlossene Lagerung) sowie dynamische Lagerung etwa in Kommissionierautomaten.
2. Die Läger des pharmazeutischen Großhandels sind meist in mehrere logische Bereiche getrennt. Sogenannten Schnelldreher-Bereichen stehen die Bereiche des Mittel- bis Langsamdrehbereichs gegenüber. Spezielle Lagerbereiche sind für Opiate, gefährliche Chemikalien etc. ausgewiesen.
3. Als Fördermittel kommen meist aufgeständerte Stetigförderer zum Einsatz.
4. Die Kommissioniertechniken sind dagegen sehr weitgespannt und richten sich nach den wirtschaftlichen Gegebenheiten.

2.2.2 Die Ein- und Auslagerungskommissionierung

Der Kommissioniervorgang durch die folgenden Funktionen beschrieben werden:[8]

- Bereitstellen einer Kommissioniereinheit (i. d. R. Wannen),
- Transport der Kommissioniereinheit zu den Lagerbereichen,
- Entnahme/Einlagerung der Waren (Stückgüter) in den Lagerbereichen,
  -- manuell
  -- automatisiert
- Kontrolle und Abgabe (vgl. 2.2.3) der Kommissioniereinheit.

---

8   vgl. Jünemann, R.: Materialfluß und Logistik. Systemtechnische Grundlagen mit Praxisbeispielen. Berlin u.a. 1989, S. 388.

Genau wie in der Auftragsabwicklung dominiert im Lagerbereich das Gebot der Geschwindigkeit. Auslagerungsaufträge (Kundenbelieferung) rangieren prioritätsmäßig vor Einlagerungsaufträgen (Warennachschub). Aufträge werden nach unterschiedlichen Regeln in Teilaufträge aufgebrochen, wenn die internen Bearbeitungszeiten ansonsten zu groß werden (Auftragssplitting).

Eine besondere Bedeutung haben dabei die Transportsysteme und ihre Steuerung. Aufgrund der vorliegenden Kundenaufträge werden Transportanweisungen generiert und an einen Lagerrechner übergeben; dieser ordnet jedem Kundenauftrag einen oder mehrere Lageraufträge zu. Jeder Lagerauftrag selbst kann wiederum verschiedene Kommissioniereinheiten (identifizierbare Behälter/ Wannen) benötigen. Die Wannen werden an den entsprechenden Kommissionierplätzen ausgesteuert. Die Aufgaben der Lagersteuerung sind:

1.   Eine Überfüllung an einzelnen Stationen ist zu verhindern. Betroffene Wannen werden zu einem späteren Zeitpunkt wieder an den momentan überlasteten Lagerbereich transportiert.
2.   Die zeitliche Verfolgung des Auftrags ist zu gewährleisten und bei Bedarf ist der Auftrag als eilig zu kennzeichnen.

Angesichts von über 100.000 lieferbaren Artikeln ist der Großteil des Sortiments den Langsamdrehern zuzuordnen. Hier dominiert die manuelle Kommissionierung. Dasselbe gilt für sperrige, gefährliche oder kontrollpflichtige Artikel.

Im Mittel- und Schnelldreherbereich werden dagegen computergestützte Kommissionier-Automaten oder -Roboter eingesetzt. Hier konnten erhebliche Beschleunigungs- und Rationalisierungseffekte erzielt werden.

2.2.3 Die Endkontrolle

Zur End-, teilweise auch zur Zwischenkontrolle, können vernetzte Wiegesysteme eingesetzt werden. Dabei wird das Transportmedium (Wanne) identifiziert, einem Transportauftrag zugeordnet, das aufgrund der geplanten Warenentnahmen ermittelte Soll-Gewicht der Wanne mit dem Ist-Gewicht verglichen und nur bei Übereinstimmung dem Versandbereich überstellt. Bei Abweichungen wird eine manuelle Kontrolle ausgelöst. Der Personalaufwand konnte hierdurch deutlich reduziert werden.

2.3   Die Beschaffungslogistik

Die Beschaffungslogistik ist weitgehend durch die warenwirtschaftlichen Funktionen Disposition, Bestellauslösung, Bestellüberwachung und Wareneingang charakterisiert. Wesentliche Besonderheiten sind hier nicht anzutreffen.

2.3.1 Die traditionelle Abwicklung

In der Regel schließen Industrie und Großhandel Rahmenabkommen über Bestell- und Belieferungszeitpunkte. Die EDV-mäßige Abwicklung des Großhandels besteht darin, die aufgelaufenen Abverkäufe eines jeden Tages mit den verfügbaren Beständen zu vergleichen und in Abhängigkeit zahlreicher Regeln und Ausnahmen möglichst zu den vereinbarten Terminen zu bestellen. Ein Einsatz von Expertensystemen in der Beschaffung, der sich wegen der betriebswirtschaftlichen Regel-Komplexität dieser Verfahren durchaus anbietet, konnte sich bisher nicht durchsetzen, da das abzuwicklende Datenvolumen dem entgegensteht.

Die Bestellungen werden als Beleg (Ausdruck, Telefax, Telex, Teletex) dem Lieferanten zugestellt.

2.3.2 Die Pilotgruppe Phoenix

Seit Anfang 1989 existiert - zunächst als Pilotversuch, seit 1990 in der produktiven Phase - eine unternehmensübergreifende EDI-Anwendung mit Namen "Phoenix". Ziele dieses Elektronischen Bestelldatenaustausches zwischen Großhandel und Industrie sind:

- Beschleunigung des Informationsaustausches (verkürzte Durchlaufzeit),
- automatische Weiterverarbeitung der Daten bei der Industrie sowie
- insgesamt Kosteneinsparungen.[9]

Dabei wurde auf die Etablierung eines Standards wie z.B. in der Automobilindustrie verzichtet und statt dessen eine Lösung mit einem Clearing-Center realisiert[10].

Phoenix hat derzeit keine Auswirkungen auf die Wettbewerbssituation, da es sich hierbei lediglich um ein einfach einsetzbares Automatisierungsinstrumentarium zwischen Großhandel und pharmazeutischer Industrie handelt.

2.4 Die EDV-technischen Besonderheiten

Wie in anderen vergleichbaren Branchen, ist die fachliche Tiefe der Geschäftsvorfälle überwiegend gering. Die EDV-technische Komplexität der anzutreffenden Systeme resultiert aus folgenden Gründen:

1. hohe absolute Zahl der Transaktionen,
2. bei gleichzeitig geringem Warenwert je Transaktion,
3. zeitliche Ungleichverteilung der Belastung im Tagesverlauf,
4. einer hohen Zahl von logisch einfachen Transaktionen steht eine kleine Zahl geschäftspolitisch bedeutsamer und komplexer Geschäftsvorfälle gegenüber.

---

9   Im Gegensatz zum Vertriebsbereich des Pharma-Großhandels, in dem seit vielen Jahren mit EDI-Konzepten Erfahrung gewonnen wurde, sind die Erfahrungen auf der Beschaffungsseite noch relativ neu. Zu den in der Literatur genannten Auswirkungen von EDI; vgl.: Picot, A.; Neuburger, R; Niggl, J.: Ökonomische Perspektiven eines "Electronic Data Interchange". Information Management 6(1991)2, S. 22 - 29 sowie die dort genannte Literatur.

10   vgl. General Electric Information Services (Geisco): Arbeitskreis Phoenix. Arbeitsmaterialien. o. O., o. J.

1. Die hohe Transaktionszahl erklärt sich daraus, daß die Warenbestände der Kunden sehr gering sind (überwiegend mit Bestandsmengen 1 und 2). Ein Abverkauf eines einzelnen Präparates beim Kunden führt daher in vielen Fällen zu einer Bestellung beim Großhandel. Der Großhandel erhält einen Großteil der Warenabgänge der Einzelhandelsstufe "ungefiltert" weitergereicht. Die hohe Anzahl der Transaktionen verlangte in der Vergangenheit immer wieder Konzepte auf der Basis traditioneller Großrechner. Auch heute dominieren diese Systeme (IBM, Siemens) in der Branche. Neuere Ansätze (vgl. Kapitel 5.2) sind erkennbar.

2. Der geringe Warenwert je Abverkaufsposition, bei knappen Ertragsspannen, zwingt die Großhandelsstufe zu einer rationellen Abwicklung. Die am Markt vorhandenen Informations-, Kommunikations- und Automationstechnologien werden ständig auf ihre Einsetzbarkeit hin überprüft. Allerdings sind hier aus wirtschaftlichen Gründen oftmals Grenzen gegeben.

3. In enger Verbindung mit der hohen Transaktionszahl (vgl. 1) sind die im Tagesverlauf deutlich ungleich verteilten Geschäftsvorfälle zu betrachten. Spitzen - mit ihren negativen Auswirkungen auf die vorzuhaltende technische und personelle Kapazität - fallen vor allem in der Mittagszeit und am späten Nachmittag an. Dem wünschenwerten Abbau steht der Wettbewerbsdruck entgegen.

4. Die "Standard"-Geschäftsvorfälle stellen je nach Unternehmen ca. 70% - 80% dar und sind bereits stark automatisiert. Problematisch sind sie - mit Ausnahme des Mengenvolumens - nicht. Hingegen ist in den letzten Jahren die Bedeutung der organisatorischen Ausnahmen und ihre EDV-technische Unterstützung bedeutsamer geworden. Hierzu sind neue Verfahrenskonzepte, z.B. in der Software-Entwicklung, notwendig.

3   Logistische Sekundärleistungen

Wie zu Beginn des Kapitels 2 ausgeführt, werden unter den logistischen Sekundärleistungen hauptsächlich solche Leistungen verstanden, die nicht unmittelbar mit dem Kerngeschäft des Großhandels zusammenhängen, aber aus Wettbewerbsgründen zwingend erforderlich sind. Teilweise verschwindet hier die Zuordnung zwischen Logistik und anderen Funktionen. So hat z.B. die Logistikkette Auswirkungen auf die Personalplanung (Funktionsbereich: Personal), das Kundenmarketing und weitere Bereiche.

3.1   Die Anrufplanung

Die Terminierung des Kundenanrufs ergibt sich retrograd aus dem mit dem Kunden vereinbarten Liefertermin abzüglich der Tourenfahrzeit (= Abfahrt beim Großhandel) sowie abzüglich der zum Lagerdurchlauf benötigten Zeit (Ergebnis: spätester Anrufzeitpunkt).

Die Anrufplanung hat zwei praktische Konsequenzen. Zum einen ist der Personaleinsatz hiernach zu planen; zum anderen wird sie in modernen Anwendungssystemen zur Basis des bedienerlosen, automatischen, exakt terminierten Kundenanrufs zur Auftragseinholung. Die hier möglichen Rationalisierungen sind erst in Teilbereichen realisiert.

3.2 Die Lagerstandortplanung

Die Optimierung von Durchlaufzeiten der Kommissionieraufträge ist für die Gestaltung der Lagerkapazität von wesentlicher Bedeutung. Hierzu sind regelmäßige Analysen der Belastungen in den einzelnen Lagerbereichen verbunden mit Gängigkeitsanalysen über Artikel notwendig. Damit lassen sich automatisch Umlagerungen in betriebsschwachen Zeiten anstoßen und die Auslastungen in den einzelnen Lagerbereichen gleichmäßiger verteilen.

3.3 Erweiterter Kundenservice

In den vergangen Jahren haben viele Großhändler versucht durch verstärktes Marketing und Dienstleistungswettbewerb in Nebenbereichen Wettbewerbsvorteile zu erzielen.[11] Es sollen hier beispielhaft zwei informationstechnisch interessante Lösungen kurz dargestellt werden.

3.3.1 Die Verkaufsraum-Optimierung beim Kunden

Fast alle Apotheken versuchen heute über das sogenannte freie Sortiment (nicht apothekenpflichtige Artikel) zusätzliche Umsätze - überwiegend im Selbstbedienungsbereich - zu realisieren. Aus dem Lebensmittelbereich bekannt ist die computergestützte Regaloptimierung. Diese Technik wird von einigen Großhandlungen als Service zur besseren Bestückung und Aufstellungsplanung der Regalstellflächen in den Apotheken angeboten. Aufgrund von Umsatz- und Ertragsdaten, auch im Vergleich zu anderen Apotheken, erstellt der Großhandel dem Apotheker gegen Entgelt eine Regaloptimierung. Die Ergebnisse lassen sich am Bildschirm so visualisieren, daß ein konkreter Eindruck über den Verkaufsraum, das Aussehen der Regale und sogar die Anordnung der einzelnen Artikel möglich wird.[12]

3.3.2 Der Großhandel als Systemhaus

Moderne Apotheken betreiben heute selbst ein Warenwirtschaftssystem. Die dazu notwendige Hard- und Software ist am Markt erhältlich. Hier sind die Großhändler selbst bzw. über Tochtergesellschaften aktiv geworden und bieten Produkte für die Apothekenorganisation an. Die ursprüngliche Zielsetzung war, die Kunden stärker an den aufstellenden Großhandel zu binden.

---

11   vgl. hierzu auch die Geschäftsberichte der Großhandlungen, z. B. ANZAG: Geschäftsbericht 1988, S. 13 ff.

12   vgl. Spaceman. Hrsg.: Logistics Data Systems International/Nielsen Marketing Research o. O. 1990.

3.4   Die Kommunikation mit Marktforschungsunternehmen

Kaum eine andere Branche ist so transparent wie der Pharma-Sektor. Da der Großhandel weitgehend oligopolistisch strukturiert ist, die Einzelhandelsstufe eine nur geringe Lagerhaltung besitzt und somit der Abgang im Großhandel als zeitnah zum Konsum beim Endverbraucher betrachtet werden kann, ist es sehr einfach, Paneldaten durch Marktforschungsunternehmen aufbereiten zu lassen. Der Großhandel wird durch die periodische DV-gerechte Bereitstellung von Abverkaufsdaten an ein zwischengeschaltetes neutrales Institut (IMS)[13] zum Dienstleister der pharmazeutischen Industrie. Die Kommunikation Großhandel-IMS ist bilateraler Art, d. h. die IMS liefert auch Daten an den Großhandel.

4   Die betriebswirtschaftlichen Auswirkungen

Die Gestaltung eines effizienten und vor allem reibungslosen Ablaufs in der Logistikkette ist für den Pharma-Großhandel der zentrale Erfolgsfaktor. Da sich einzelne Unternehmen Wettbewerbsvorteile durch leistungsfähigere Informationssysteme erkämpfen konnten, wurde ein rascher Nachahmungswettbewerb initiiert. Im Bereich der logistischen Primärkette Auftragsannahme - Lagerkommissionierung - Versand sind die Informationssysteme der Großhandlungen heute im wesentlichen gleich leistungsfähig.

Wie bedeutsam dieser Bereich einzuschätzen ist, zeigen die EDV-Ausfallsituationen in dieser Branche. Ein Systemausfall bedeutet meist auch den Verlust von Umsatz und Ertrag, da

1.   die heutigen Logistikabläufe weitgehend EDV-gestützt sind; eine manuelle Notorganisation ist nicht realisierbar.
2.   die Kunden sofort auf die lieferfähige Konkurrenz ausweichen.

Die Unternehmen investieren deshalb erhebliche Beträge in die Stabilität ihrer Anwendungssysteme.

Im Gegensatz zum industriellen Bereich, bei dem unternehmensübergreifende Prozeßketten zu einer verstärkten Partnerschaft zwischen Lieferant und Abnehmer führen, meist einhergehend mit einer Konzentration auf wenige Lieferanten,[14] führte die Standardisierung der Datenübermittlung im Pharmagroßhandel nur vorübergehend zu einer Wettbewerbsbeschränkung.[15] Dies liegt an der standardisierten Leistungserbringung und an den für die Mitwettbewerber vertretbaren Entwicklungsaufwendungen.

Statt dessen verlagert sich der Wettbewerb hin zu Marketing- und Serviceaktivitäten, nicht zuletzt auch EDV-gestützten Systemen (vgl. Kapitel 3.3).

Strategische Vorteile können die Unternehmen lediglich durch eine durchgängige, über alle Stufen hinweg reichende Informationsstruktur erreichen.

---

13   IMS, Institut für medizinische Statistik, Frankfurt.
14   vgl. Scheer, A.-W.: EDV-orientierte Betriebswirtschaftslehre. 4. Aufl., Berlin u. a. 1990, S. 110.
15   zu den möglichen Auswirkungen unternehmensübergreifender Informationssysteme und Prozeßketten vgl.: Petri, C.: Externe Integration der Datenverarbeitung. Berlin u.a. 1990, S. 260 ff.

5 Zukunftstendenzen

5.1 Veränderte betriebliche Abläufe

Die Rationalisierung ist in weiten Bereichen sehr fortgeschritten; eine tiefgreifende Veränderung in der logistischen Kette Kunde-Großhandel-Industrie ist im Pharmabereich kurzfristig nicht zu erwarten. Der bisher rein nationale deutsche Arzneimittelmarkt wird allerdings bei einer europäischen Harmonisierung aufgebrochen. Welche Auswirkungen dies auf die Bereiche Absatz, Beschaffung und Lagerhaltung nehmen wird, ist derzeit noch kaum auszumachen. So ist heute bereits absehbar, daß die Beschaffung gleicher Produkte in unterschiedlichen Ländern komplexere Betrachtungen erfordert (z.B. Abwägen von günstigen Preisen gegenüber erhöhten Lieferzeiten), die wiederum erhebliche Auswirkungen auf die Informationssysteme der Unternehmen haben werden.

5.2 EDV-Techniken

Die bisher traditionell eingesetzten Großrechner-Architekturen des Pharma-Großhandels werden nur schrittweise aufgegeben, da hier umfangreiche Datenbestände zu verwalten sind. Allerdings sind in vielen Teilbereichen Automatisierungs- und Rationalisierungspotentiale gegeben, die den Einsatz dedizierter Rechner erforderlich machen. Dies gilt insbesondere für die Techniken der Lagersteuerung. Die Einbindung der vorhandenen technischen Subsysteme gleicht vielfach noch Insellösungen bzw. die Systeme sind lose an die vorhandenen warenwirtschaftlichen Prozesse gekoppelt. Vergleichbar einem von der Industrie her bekannten CIM-Ansatz[16] muß hier die Integration der Systeme vorangetrieben werden.

Die heute genutzten Übertragungstechniken im Bereich der Auftragsabwicklung werden zukünftig anders gestaltet sein. Durch das Zusammenwachsen der Telekommunikationsdienste (ISDN) und der weiteren Entwicklung integrierter Nebenstellenanlagen[17] bieten sich hier erhebliche Rationalisierungspotentiale in der Technik der Auftragseinholung.

Auf der Seite des Software-Engineerings werden verstärkt ingenieurmäßige Methoden zum Einsatz kommen. Datenmodelle, Data-Dictionaries und Funktionsmodelle sind bei Neuentwicklungen heute nicht mehr wegzudenken. Allerdings existiert für die bestehenden Anwendungen mit ihren vielfältigen Schnittstellen ein erheblicher Nachholbedarf.[18]

---

16   vgl. Scheer, A.-W.: CIM - Computer Integrated Manufacturing. Der computergesteuerte Industriebetrieb. 4. Aufl., Berlin u. a 1990, S. 163 ff.

17   vgl. Binder, U. W.: Nebenstellenanlagen. Sindelfingen 1985.

18   zu den Schlagworten UDM (Unternehmensdatenmodell) und Informationsmodellierung vgl. Scheer, A.-W.: Modellierung betriebswirtschaftlicher Informationssysteme. In: Veröffentlichung des Instituts für Wirtschaftsinformatik. Heft 67. Hrsg.: A.-W. Scheer. Saarbrücken 1990.

Literaturverzeichnis

Andreae-Noris Zahn AG - ANZAG (Hrsg.):
Geschäftsbericht. Frankfurt 1988.
Binder, U. W.:
Nebenstellenanlagen. Sindelfingen 1985.
DATEG Datenfernübertragungsgesellschaft mbH:
Diverse Mitteilungen an die Mitglieder. Frankfurt o. J.
General Electric Information Services (Geisco):
Arbeitskreis Phoenix. Arbeitsmaterialien. o. O., o. J.
Jünemann, R.:
Materialfluß und Logistik. Systemtechnische Grundlagen mit Praxisbeispielen. Berlin u. a. 1989.
Logistics Data Systems International/Nielsen Marketing Research (Hrsg.):
Spaceman, o. O. 1990.
o.V.:
Pharmahandel - Kampf ums Konzept. Wirtschaftswoche Nr. 28, 1987, S.136 - 137.
Petri, C.:
Externe Integration der Datenverarbeitung - Unternehmensübergriefende Konzepte für Handelsunternehmen. Berlin u. a. 1990.
Pfohl, H.-C.:
Logistiksysteme - Betriebswirtschaftliche Grundlagen. 4. Aufl., Berlin u. a. 1990.
Pfohl, H.-C.:
Zur Formulierung einer Lieferservicepolitik - Theoretische Aussagen zum Angebot von Sekundärleistungen als absatzpolitisches Instrument. ZfbF 29(1977)5, S. 239 - 255.
Phagro:
Stellung des pharmazeutischen Großhandels in den 80er Jahren. Kiel 1980, S. 43 - 48.
Picot, A.; Neuburger, R; Niggl, J.:
Ökonomische Perspektiven eines "Electronic Data Interchange". Information Management 6(1991)2, S. 22 - 29
Scheer, A.-W.:
Disposition und Bestellwesen als Baustein zu integrierten Warenwirtschaftssystemen. In: Veröffentlichungen des Instituts für Wirtschaftsinformatik. Heft 33. Hrsg: A.-W.Scheer. Saarbrücken 1983.
Scheer, A.-W.:
EDV-orientierte Betriebswirtschaftslehre. 4. Aufl., Berlin u. a. 1990.
Scheer, A.-W.:
CIM - Der computergesteuerte Industriebetrieb. 4. Aufl., Berlin u. a 1990.
Scheer, A.-W.:
Modellierung betriebswirtschaftlicher Informationssysteme. In: Veröffentlichung des Instituts für Wirtschaftsinformatik. Heft 67. Hrsg: A.-W. Scheer. Saarbrücken 1990.
Stock, J. R.; Lambert, D. M.:
Strategic Logistics Management. 2nd ed., Homewood, Ill. 1987.

Methoden- und Tooleinsatz bei der Erarbeitung von Konzeptionen für die integrierte Informationsverarbeitung

Von Dr. Alexander Pocsay, Saarbrücken

1   Ausgangssituation

Das industrielle Umfeld in nahezu allen Bereichen ist geprägt durch immer schnellere Innovationszyklen und steigende Ansprüche eines ausgeprägten Käufermarktes. Dies äußert sich z. B. darin, daß ein Zwang zu immer kürzeren Lieferzeiten besteht bis hin zur Just-in-time Produktion, daß die Varianten und Typenvielfalt drastisch zunimmt und die Qualitätsanforderungen in immer größerem Maße wachsen.

Das Erreichen unternehmerischer Zielsetzungen wie Erhöhung der Liefertreue, besserer Lieferservice, Erhöhung der Qualität sowie Senkung der Kosten gewinnt zunehmend an Bedeutung, ja wird für viele Unternehmen sogar zur Überlebensfrage.

Ein wesentlicher Faktor zum Erreichen dieser Ziele ist der Produktionsfaktor "Information". Gefordert wird eine Transparenz des betrieblichen Geschehens in allen Funktionalbereichen und auf allen Ebenen eines Unternehmens. Informationen, die in unterschiedlichen Funktionalbereichen entstehen, müssen für alle Bereiche des Unternehmens aktuell zur Verfügung stehen. Aktuelle und richtige Informationen sind Voraussetzung für die optimale Steuerung der Unternehmen.

Ziele wie Reduzierung der Auftragsdurchlaufzeiten oder Reduzierung der Produktentwicklungszeiten erfordern neue Abläufe in den wichtigsten Prozeßketten eines Unternehmens. Funktionen, die im Sinne einer arbeitsteiligen Gliederung auseinander dividiert wurden, müssen zur Beschleunigung der Prozesse reintegriert werden. Durch diese ablauforganisatorischen Veränderungen werden auch aufbauorganisatorisch neue Strukturen festgelegt.

Voraussetzung für den Einsatz der Informationsverarbeitung als strategisches Instrumentarium oder gar als strategische Waffe ist die Integration aller betrieblichen Abläufe und aller eingesetzten Informationssysteme.

Die derzeitige Situation in vielen Unternehmen ist jedoch charakterisiert durch ein stark abteilungsbezogenes Denken; Abläufe sind wenig durchgängig, EDV-Systeme sind häufig als isolierte Systeme (Insellösungen) mit entsprechender Redundanz der Daten im Einsatz. Vor diesem Hintergrund werden für das Erreichen integrierter und durchgängiger Abläufe und Informationssysteme Projekte des Computer Integrated Manufacturing (CIM-Projekte) in vielen Unternehmen bearbeitet.

Im folgenden werden Methoden und Werkzeuge für die Erarbeitung von Konzeptionen für die integrierte Informationsverarbeitung (CIM-Konzeption) aufgezeigt.

2   Inhalte einer Konzeption für die integrierte Informations-
   verarbeitung

Basis einer CIM-Konzeption ist ein ablauforganisatorisches Integrationskonzept. Dieses beinhaltet die abteilungsübergreifende Beschreibung der betriebswirtschaftlichen Abläufe für alle wichtigen Prozeßketten wie beispielsweise Produktentwicklung, Auftragsbearbeitung oder Fertigungssteuerung.

Die Abläufe beinhalten die Beschreibung der erforderlichen Funktionen und Daten sowie die Zuordnung von Funktionen und Daten zu Organisationseinheiten des betrachteten Unternehmens. Das ablauforganisatorische Konzept bildet gemeinsam mit der Beschreibung der erforderlichen Informationsobjekte und deren Beziehungen (Datenmodell), der Beschreibung aller Funktionen (Funktionsmodell) und der Organisationseinheiten (Organisationsmodell) die Grundlage für das EDV-technische Konzept mit der Auswahl geeigneter Anwendungssoftware, Systemsoftware oder Hardwarearchitekturen. Abbildung 1 zeigt die Inhalte einer Konzeption der integrierten Informationsverarbeitung.

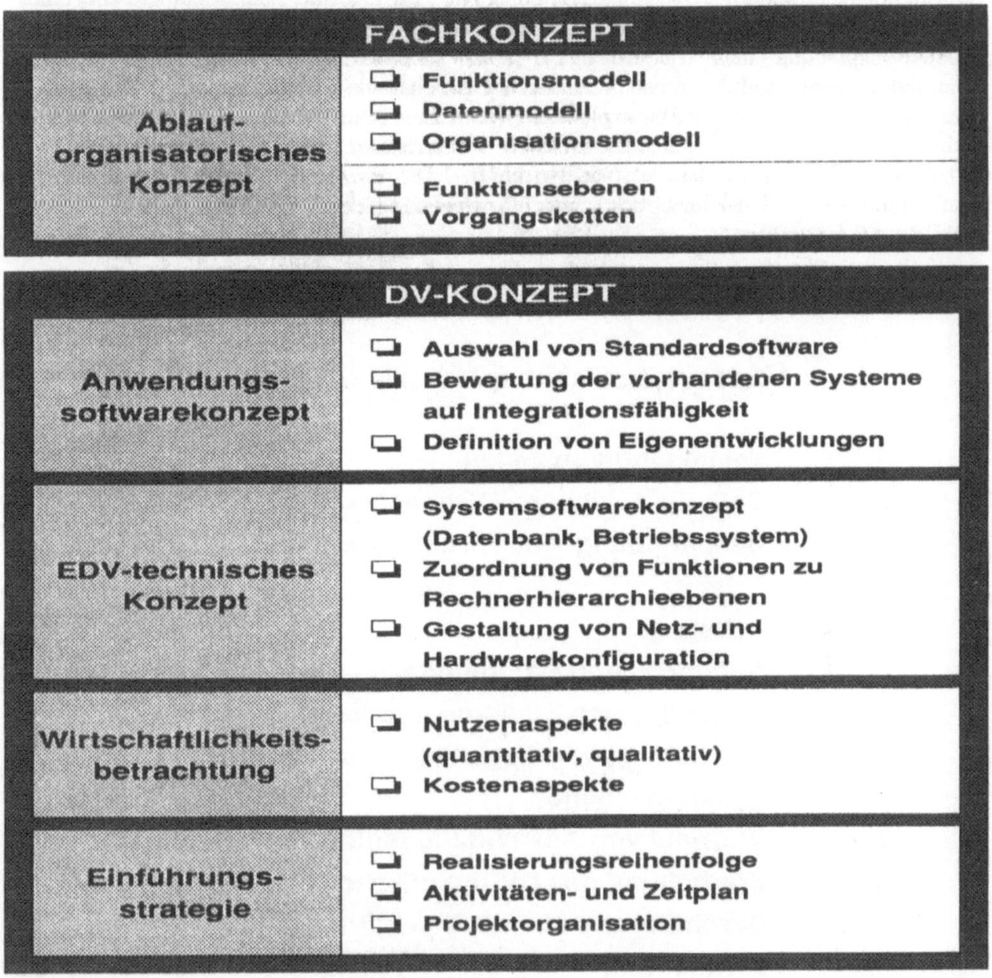

Abbildung 1: Inhalte einer Konzeption der integrierten Informationsverarbeitung

3   Y * CIM - Methodik

Basis für die folgende Beschreibung der Vorgehensweise bei der Erarbeitung von CIM-Konzeptionen ist die von der IDS Prof. Scheer GmbH in zahlreichen Unternehmen erfolgreich eingesetzte Y * CIM - Methodik. Sie folgt dem Leitgedanken der integrierten Informationsverarbeitung. Die Integration bezieht sich auf alle Funktionalbereiche eines Unternehmens; neben den Funktionen der logistischen Kette vom Vertrieb über die Produktionsplanung und -steuerung bis zum Versand werden die mehr technisch orientierten, vom Produkt selbst bestimmten Bereiche wie Produktentwurf, Konstruktion oder die Funktionen der Ausführungsebene (z. B. Lager- und Transportsteuerungen) ebenso einbezogen wie die kaufmännischen Funktionen der Kostenrechnung, der Finanzbuchhaltung oder der Personalwirtschaft. Die einzelnen Schritte im Rahmen der Erarbeitung einer CIM-Konzeption unter Verwendung der Y * CIM - Methode sind in Abbildung 2 aufgeführt.

Stufen der Y * CIM-Methodik

1. Festlegung von Zielen
2. Definition kritischer Erfolgsfaktoren
3. Beschreibung von Vorgangsketten
    - Ist
    - Soll
4. Aufstellen von Datenmodellen
5. Aufstellen von Funktionsmodellen
6. Erarbeitung von Organisationsmodellen und Funktionsebenen
7. Auswahl von Anwendungssoftware
8. Erarbeitung des DV-technischen Konzeptes
9. Durchführung einer Wirtschaftlichkeitsbetrachtung
10. Festlegung der Einführungsstrategie

*Abbildung 2: Stufen der Y * CIM - Methodik*

3.1 Vorgehensweise

Die Konzepterstellung erfolgt in 3 Phasen:

- Vorgangskettenanalyse,
- Fachkonzept,
- DV-Konzept.

Basis für die Erarbeitung einer CIM-Konzeption ist das Wissen über vorhandene Schwachstellen in der Ablauf- und Aufbauorganisation und in der Unterstützung durch die eingesetzten Informationssysteme.

Die erste Phase umfaßt eine Analyse der vorhandenen Vorgangsketten sowie der Ist-Situation der Informationsverarbeitung. Es werden folgende Aktivitäten durchgeführt:

- Kick-off-Veranstaltung,
- Erhebung der unternehmerischen Ziele,
- Definition kritischer Erfolgsfaktoren,
- Bestandsaufnahme im Bereich Organisation und Informationsverarbeitung,
- Bestandsaufnahme in den Fachabteilungen,
- Schwachstellenanalyse,
- Präsentation der Schwachstellen und des Handlungsbedarfs.

Zu Beginn der Projektarbeit wird eine Kick-off-Veranstaltung durchgeführt mit der Zielsetzung, einem großen Mitarbeiterkreis die Ziele des Projektes sowie die Vorgehensweise zu erläutern.

Ausgangspunkt für die Gestaltung von integrierten Informationssystemen ist die Definition von strategischen Unternehmenszielen, wie z. B. Kostenführerschaft, Marktführerschaft oder Nischenpolitik sowie das Wissen über die vom Unternehmen verfolgten Strategien. Ziele können beispielsweise sein:

- Erhöhung der Flexibilität,
- Erhöhung der Qualität,
- Reduzierung der Kosten,
- Reduzierung der Auftragsdurchlaufzeit,
- Erhöhung der Termintreue oder
- Erhöhung der Transparenz.

Zur Überprüfung des Erreichens unternehmerischer Zielsetzungen sind die häufig qualitativen Zielsetzungen zu quantifizieren, d. h. es müssen meßbare Faktoren definiert werden (kritische Erfolgsfaktoren).

Abbildung 3 zeigt beispielhaft die Definition kritischer Erfolgsfaktoren für das Ziel "Reduzierung der Durchlaufzeit".

Ziel: Reduzierung der Durchlaufzeit	
Kritischer Erfolgsfaktor	**Begriffsdefinition**
Kundenauftragsdurchlaufzeit	Zeitdauer für den Gesamtdurchlauf eines Kundenauftrages von Auftragsannahme bis zur Auslieferung
Fertigungsauftragsdurchlaufzeit	Zeitdauer für den Durchlauf eines Fertigungsauftrages von Auftragsfreigabe bis Übergabe an Lager
Liegezeitanteil	Anteil der Liegezeit an der Fertigungsauftragsdurchlaufzeit
Rüstzeitanteil	Anteil der Rüstzeit an der Fertigungsauftragsdurchlaufzeit
Bearbeitungszeitanteil	Anteil der Bearbeitungszeit an der Fertigungsauftragsdurchlaufzeit
Wiederbeschaffungszeit	Zeitdauer von Bestellung bis Lagereingang der wiederzubeschaffenden Teile

Abbildung 3: Kritische Erfolgsfaktoren

Im Bereich Organisation und Informationsverarbeitung werden die groben Abläufe sowie insbesondere alle Informationen über die eingesetzten Informationssysteme (Anwendungssoftware, Datenbasis, Betriebssysteme, Netzwerke, Hardware, Entwicklungsumgebungen etc.) erhoben. Darauf folgt eine Untersuchung der bestehenden Abläufe sowie deren Unterstützung der Informationssysteme in den entsprechenden Fachabteilungen.

Die Abläufe werden in Vorgangskettendiagrammen (vgl. Abbildung 4) dokumentiert, um insbesondere den Integrationsgrad zwischen unterschiedlichen EDV-Systemen und manueller Bearbeitung aufzuzeigen.

Charakteristisch für solche Vorgangskettendiagramme ist, daß sie die drei wesentlichen Sichtweisen, die die Abläufe bestimmen - die Datensicht, die Funktionssicht und die Organisationssicht - beinhalten.

Anhand der Vorgangskettendiagramme kann eine Vielzahl von Schwachstellen plastisch dargestellt werden; so ist beispielsweise leicht ersichtlich, welche Funktionen im Rahmen einer Ablaufbetrachtung manuell durchgeführt werden, wo Brüche existieren zwischen manueller und dv-mäßiger Bearbeitung, wo redundante Aktivitäten durchgeführt werden. Brüche im Informationsfluß zwischen unterschiedlichen Abteilungen sind ebenfalls leicht erkennbar. Die Vorgangsketten bilden die Basis für die Schwachstellenanalyse.

Die zweite Phase beinhaltet die Erarbeitung des Fachkonzeptes, die dritte Phase die Erarbeitung des DV-Konzeptes.

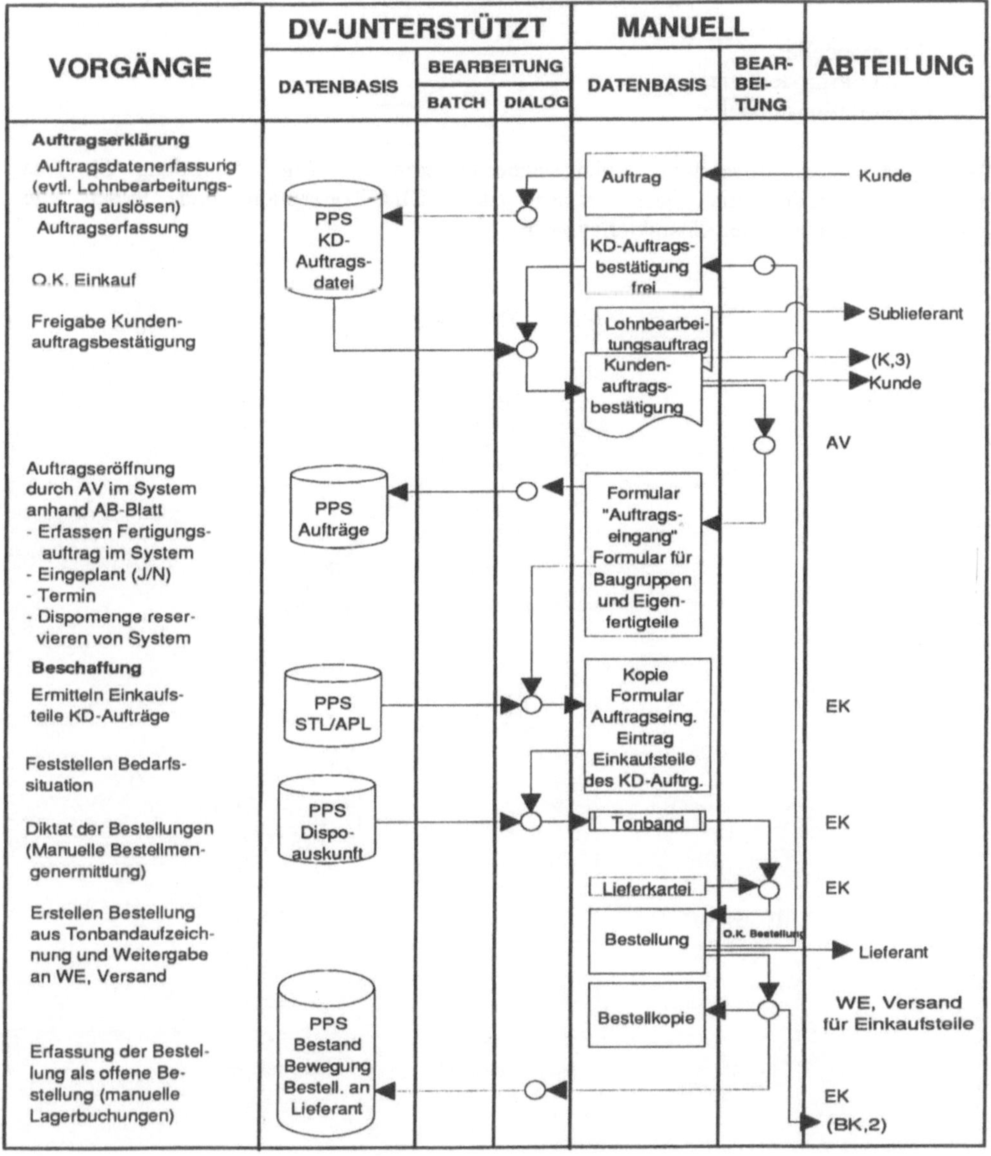

Abbildung 4: Vorgangskettendiagramm: Ist-Ablauf Kundenauftragsbearbeitung und Beschaffung

3.2   Erarbeitung des Fachkonzeptes

Das Fachkonzept stellt eine Beschreibung der betriebswirtschaftlichen Realität dar. Hierbei werden auf der Basis grober Soll-Abläufe

-       Datenmodelle,
-       Funktionsmodelle und
-       Organisationsmodelle

sowie die daraus abgeleitete Ablaufsteuerung erarbeitet (vgl. Abbildung 5). Das Fachkonzept bildet die Basis einer jeden CIM-Konzeption und bildet alle unternehmensspezifischen Charakteristika ab.

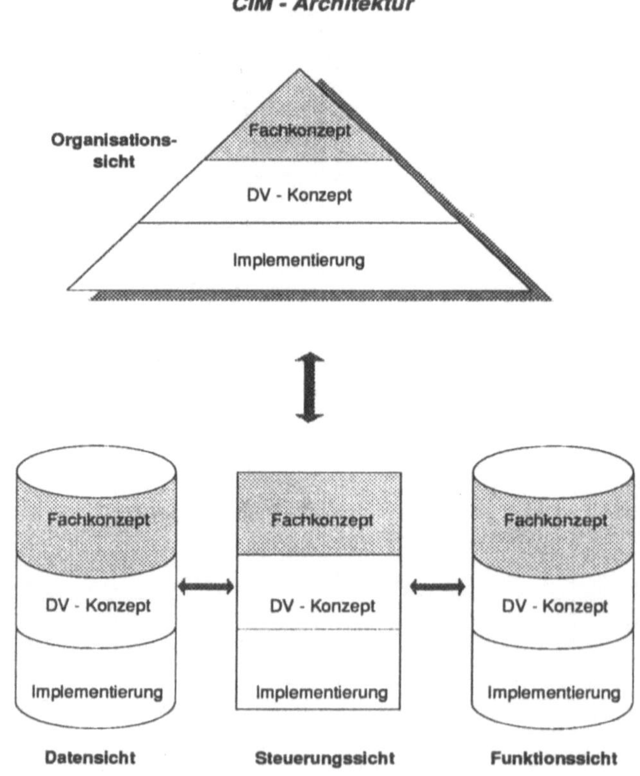

Abbildung 5: Architektur integrierter Informationssysteme[1]

---

[1]   aus: Scheer, A.-W: Wie vermeidet man CIM-Ruinen? Architektur für eine sichere CIM-Einführung. In: CIM im Mittelstand. Fachtagung 1991. Hrsg.: A.-W. Scheer. Berlin u. a. 1991.

3.2.1 Aufstellen von Datenmodellen

Voraussetzung für den Einsatz integrierter Informationssysteme ist das Vorhandensein von Bereichs- und Unternehmensdatenmodellen. Diese beinhalten eine Darstellung und Beschreibung aller unternehmensspezifischen Informationsobjekte und deren Beziehungen als einheitliche und konsistente Datenstruktur. Als Methode für die Datenmodellierung hat sich die Entity-Relationsship-Methode von Chen mit diversen Erweiterungen bzw. in unterschiedlichen Ausprägungen als Quasi-Standard durchgesetzt. Abbildung 6 zeigt beispielhaft das Datenmodell für die Produktbeschreibung.

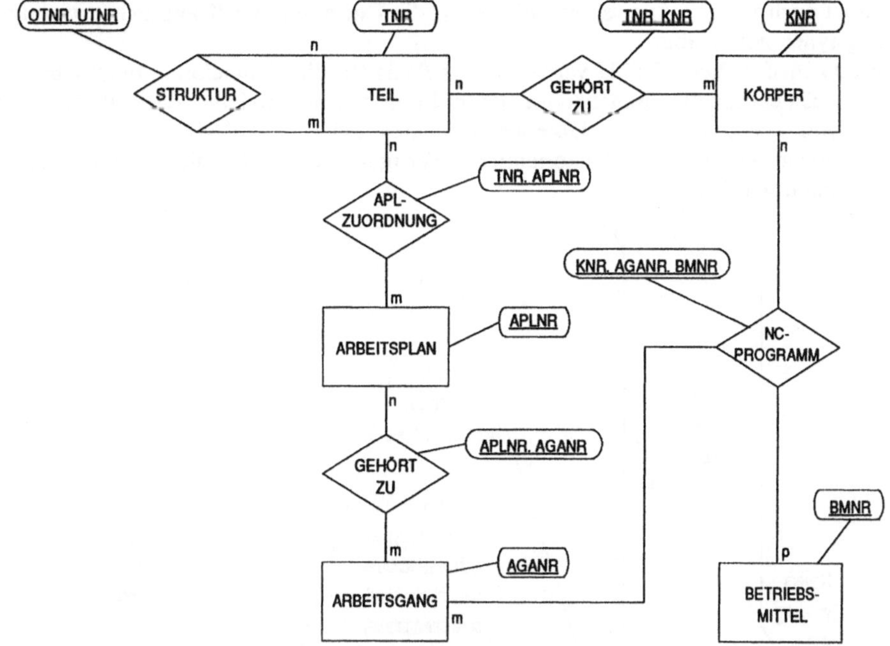

Abbildung 6: ERM-Diagramm: Produktbeschreibung

Das Datenmodell besteht aus einer grafischen Darstellung aller Objekttypen (Entitytypen) und Beziehungstypen sowie deren Kardinalität. Die Elemente eines Entitytyps werden durch Attribute näher beschrieben. Die semantische Bedeutung der Objekte wird definiert.

Ein Datenmodell ist die Basis für eine qualifizierte Bewertung und Auswahl von Standardsoftware, für die Entwicklung von Anwendungssoftware und zur Klärung der Begriffswelt. Unterschiedliche Definitionen und Verwendung von Begriffen, z. B. Synonyme oder Homonyme, werden vermieden. Darüber hinaus zeigt es die informationstechnischen Verflechtungen einzelner Teilsysteme auf, vermindert redundante Datenhaltungen und reduziert somit die Gefahr von inaktuellen und inkonsistenten Datenbeständen.

Die Entwicklung der Datenmodelle erfolgt durch Kombination eines Top-Down- und Bottom-Up-Ansatzes. Im Einzelnen werden folgende Aktivitäten durchgeführt:

-       Sammeln aller Informationsbegriffe,
-       Kritische Analyse der Begriffe (Auffinden von Synonymen, Homonymen),
-       Feststellen von Begriffszusammenhängen,
-       Entwicklung der Entity- und Beziehungstypen,
-       Ermitteln der Komplexitäten der Beziehungstypen,
-       Aufnahme der wichtigsten Attribute.

Abbildung 7 zeigt Detaillierungsstufen eines Datenmodells in Abhängigkeit unterschiedlicher Verwendungszwecke. Für die Auswahl von Anwendungssoftware beispielsweise ist ein Datenmodell, das alle wesentlichen Attribute enthält, erforderlich. Zum Teil ist auch für den Auswahlprozeß bereits die Definition der Komplexität wichtiger Beziehungstypen notwendig.

Die IDS Prof. Scheer GmbH verwendet als Basis für die Entwicklung unternehmensspezifischer Datenmodelle branchenorientierte Referenzdatenmodelle, die auf dem von Prof. Scheer entwickelten Unternehmensdatenmodell (UDM) basieren und branchenbezogen (z. B. für stückorientierte Fertigung oder für die Prozeßindustrie) weiterentwickelt wurden.

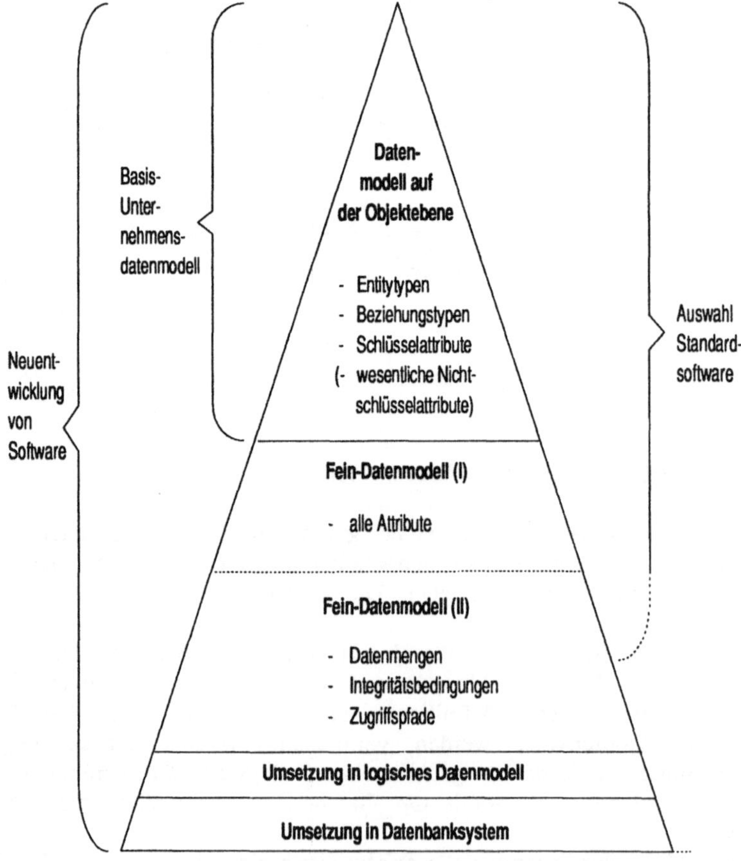

Abbildung 7: Detaillierungsstufen eines (Unternehmens-) Datenmodells

3.2.2 Aufstellen von Funktionsmodellen

Abläufe bzw. Vorgangsketten werden wesentlich durch die erforderlichen Funktionen beschrieben. Für die Erarbeitung von Funktionsmodellen existieren unterschiedliche Methoden. Ein "Quasi-Standard" wie die ERM-Methode im Bereich der Datenmodellierung hat sich noch nicht durchgesetzt. Eine häufig angewandte Methode ist die Darstellung in Funktionsbaumhierarchien (vgl. Abbildung 8). Hierbei erfolgt eine hierarchische Gliederung der Funktionen bis auf die Ebene von Elementarfunktionen; dies sind solche Funktionen, die betriebswirtschaftlich nicht mehr sinnvoll zu untergliedern sind. Zeitliche Abhängigkeiten zwischen Funktionen können in dieser Darstellungsform nicht berücksichtigt werden. Funktionen im Rahmen von Vorgangsketten werden jedoch in Abhängigkeit bestimmter Ereignisse oder Ergebnisse angestoßen bzw. ausgeführt. Abbildung 9 zeigt eine Darstellungsform für Funktions- bzw. Vorgangsmodelle, die die Reihenfolge von Funktionen in Abhängigkeit bestimmter Ereignisse/Ergebnisse aufzeigt.

Die Entwicklung unternehmensspezifischer Funtkionsmodelle erfolgt analog zu den Datenmodellen auf der Basis branchenspezifischer Referenzfunktionsmodellen bzw. vorgangskettenbezogener Teilmodellen.

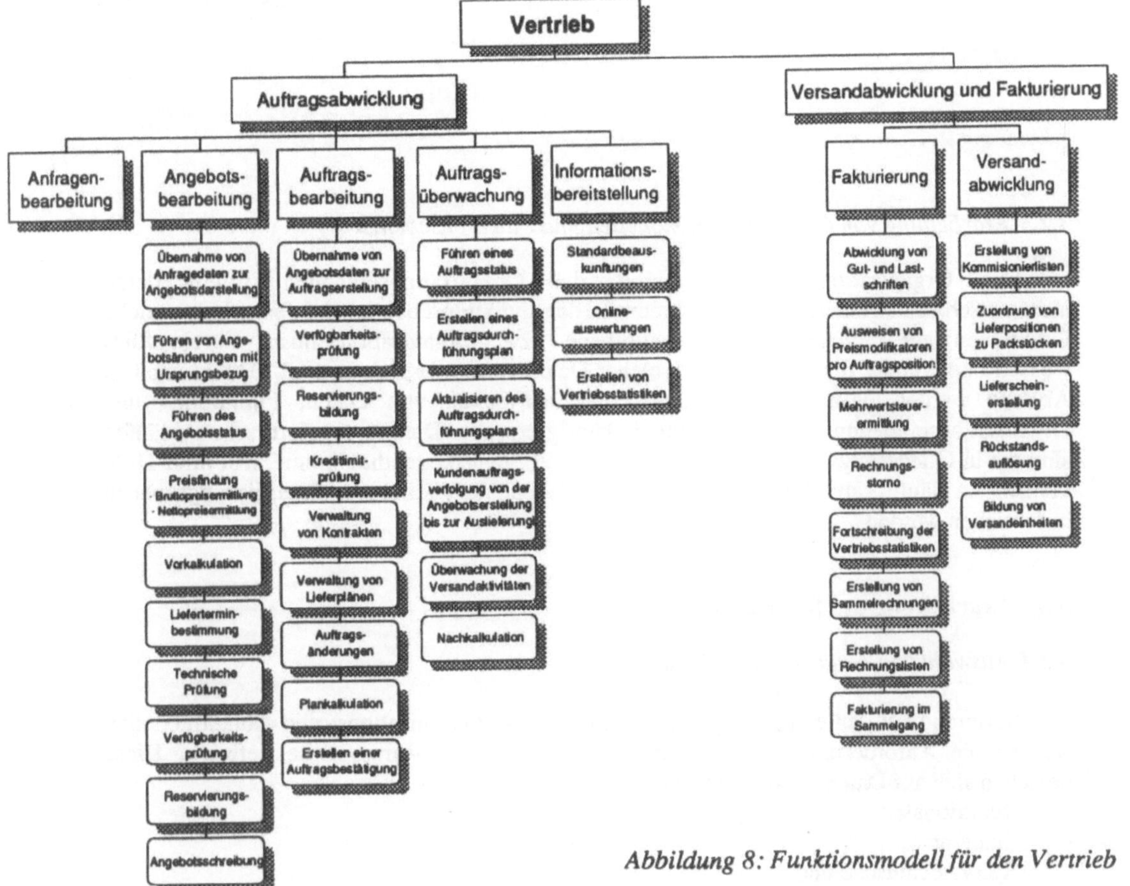

Abbildung 8: Funktionsmodell für den Vertrieb

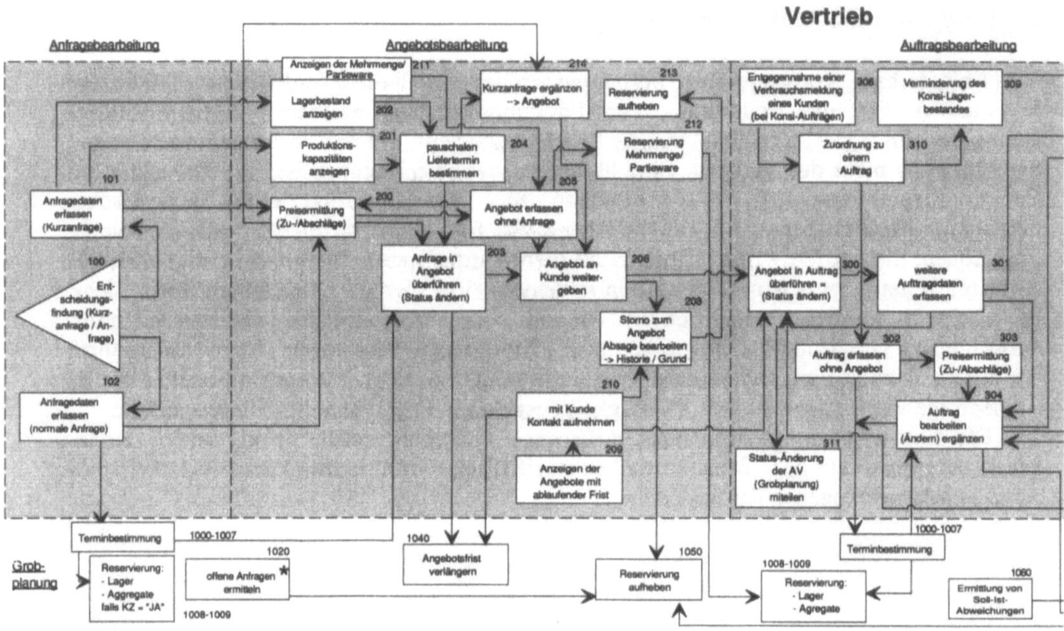

Abbildung 9: Dynamisches Funktionsmodell

3.2.3 Erarbeitung von Organisationsmodellen und Funktionsebenen

Das Organisationsmodell definiert die Organisationseinheiten sowie deren hierarchische Einordnung in Unternehmen. In den Funktionsebenen wird festgelegt, welche Funktionen auf welcher Unternehmensebene bzw. Organisationseinheit durchgeführt werden und wer für die Verwaltung welcher Daten verantwortlich ist (vgl. Abbildung 10). Abläufe werden definiert durch das Zusammenwirken von Daten, Funktionen und Organisationseinheiten. Eine in der Praxis häufig erprobte Darstellungsform von Abläufen sind die in Gliederungspunkt 3.1 beschriebenen Vorgangskettendiagramme. Mit ihrer Hilfe können Abläufe abteilungsübergreifend auf unterschiedlichen Detaillierungsebenen beschrieben werden.

3.3   Erarbeitung des DV-Konzeptes

3.3.1 Auswahl von Anwendungssoftware

Basierend auf den erarbeiteten Daten-, Funktions-, Organisations- und Ablaufmodellen werden die Anforderungen an zukünftige Anwendungssoftwaresysteme definiert. Diese beziehen sich auf Datenstrukturen sowie auf

-       funktionale,
-       integrative,
-       EDV-technische und
-       anbieterbezogene Kriterien.

Abbildung 10: Zuordnung von Funktionen zu Funktionsebenen

Anhand dieser Anforderungen erfolgt eine Bewertung und Auswahl von Standardsoftware für ausgewählte Funktionalbereiche. In der Vergangenheit wurde Standardsoftware schwerpunktmäßig funktional ausgewählt, d. h. es wurde ein funktionaler Anforderungskatalog erstellt und entsprechend der Erfülltheitsgrad von Software unterschiedlicher Hersteller abgefragt. Aufgrund der integrativen Anforderungen genügt dieser Ansatz in der Zukunft nicht mehr. Ebenso wie funktionale Anforderungen sind integrative Anforderungen, d. h. das Betrachten der entsprechenden Datenstrukturen innerhalb des Systems als auch zu den angrenzenden Systemen erforderlich. Dies bedingt auch, daß in Zukunft die Standardsoftwarehersteller die Datenstrukturen offenlegen.

EDV-technische Kriterien wie Benutzeroberfläche, zugrundeliegendes Betriebssystem oder verwendete Datenbasis gewinnen zunehmend an Bedeutung. Graphikorientierte, mit Windowtechnik und Mausbedienung ausgestattete Benutzeroberfächen müssen in Zukunft in allen Funktionalbereichen eines Unternehmens zum Standard werden.

Anbieterbezogene Kriterien sind wesentlich, weil die Bindung an einen Anwendungssoftwarehersteller, z. B. im Bereich der Produktionsplanung und -steuerung, in der Regel eine mehrjährige Bindung bedeutet; die Betreuung durch das entsprechende Anbieterunternehmen sowie die Weiterentwicklungen des Unternehmens sind somit für die Auswahl der Software und damit des Anwendungssoftware-Herstellers von entscheidender Bedeutung.

Lassen sich aufgrund der unternehmensspezifischen Anforderungen für bestimmte Funktionalbereiche keine Standardsoftwaresysteme am Markt finden, so steht für diese Bereiche eine Eigenentwicklung an.

3.3.2 Erarbeitung des EDV-technischen Konzepts

Eng gekoppelt mit dem Anwendungssoftwarekonzept ist das EDV-technische Konzept. Hier erfolgt die Definition von Hardwarehierarchieebenen, die Empfehlung für einzusetzende Betriebssysteme, Datenbanksysteme, Netzwerke und Hardwaresysteme. So wird beispielsweise definiert, auf welcher Rechnerebene Fertigungssteuerungssysteme zum Einsatz kommen. Sind die Anforderungen an die Kommunikationsfähigkeit der Fertigungssteuerungssysteme, an die Verfügbarkeit (z. B. 24-Stunden-Verfügbarkeit) oder an das Sicherheitsverhalten entsprechend hoch, so wird man für diesen Bereich eine separate Rechnerebene einziehen.

3.3.3 Durchführung einer Wirtschaftlichkeitsbetrachtung

In einer Wirtschaftlichkeitsbetrachtung werden die für die Realisierung des Gesamtkonzepts erforderlichen Kosten den erwarteten Nutzenaspekten gegenübergestellt. Die Ermittlung der Kosten in Bezug auf Hardware, Anwendungssoftware, Systemsoftware, Schulung, externe Beratung und Einführung läßt sich relativ genau abschätzen. Bei der Betrachtung der Nutzenaspekte kann in qualitative Nutzen- und quantitative Nutzenaspekte unterschieden werden. Quantitativer Nutzen ist z. B. Reduzierung der Lagerbestände, die Reduzierung des Ausschusses, eventuell eine Mitarbeitereinsparung und ähnliche Dinge. Qualitative Nutzenaspekte wie Erhöhung der Termintreue, Verbesserung des Lieferservice, Erhöhung der Qualität sind nur sehr schwer in DM-Beträgen auszudrücken. Diese qualitativen Nutzenaspekte müssen aber dennoch quantifizierbar dargestellt werden, um eine entsprechende Überprüfung zu ermöglichen (vgl. kritische Erfolgsfaktoren).

3.3.4 Festlegung der Einführungsstrategie

Im Rahmen der Einführungsstrategie müssen die einzelnen Einführungssteps funktional und zeitlich konkret beschrieben werden. Wesentlich ist hierbei, daß einzelne Einführungsschritte in absehbaren Zeiträumen (kleiner 1 Jahr) realisiert werden können. Einzelprojekte von längerer Dauer sind häufig sehr schwer zu realisieren, da ein Projekt, das sich über mehrere Jahre hinzieht, Akzeptanzschwierigkeiten sowohl im Management als auch bei den entsprechenden Projektmitarbeitern nach sich ziehen kann. Die Einführungsreihenfolge ist abhängig von unterschiedlichen Kriterien wie

- erwarteter Nutzen,
- funktionale und datentechnische Interdependenzen,
- Kapazität eigener Mitarbeiter,
- Situation am EDV-Markt.

4   Toolunterstützung bei der Konzeptionserstellung

Zur effizienten Gestaltung der Konzeptionserstellung sollten auf breiter Basis EDV-technische Werkzeuge eingesetzt werden.

Zur Unterstützung der Daten-, Funktions- und Organisationsmodellierung werden zunehmend Softwaresysteme im Rahmen von CASE-Tools (Computer Aided Software-Engineering) verwendet.

Beispiele für solche Tools sind die Softwareprodukte IEW ("Information Engineering Workbench") und ADW ("Application Development Workbench") der Firma Knowledge Ware, die Excelerator Software der Index Technology Corporation, Teamwork von Cadre Technologis, Inc. oder IEF von Texas Instruments.

Diese Tools unterstützen die Datenmodellierung nach der Entity-Relationsship Methode; Teilaussschnitte aus dem Gesamtdatenmodell können verarbeitet und automatisch zusammengeführt werden. Auch die Funktionsmodelle sind in diesen Tools abbildbar; aus den Funktionsmodellen sind die funktionalen Anforderungen an Anwendungs-softwaresysteme direkt ableitbar.

Ein rechnergestütztes System zur Unterstützung der Vorgangskettenanalyse (VOKAL)[2] wird derzeit in einer Kooperation der IDS Prof. Scheer GmbH, Saarbrücken, und dem Institut für Wirtschaftsinformatik (IWi) an der Universität des Saarlandes entwickelt. Es dient der Erstellung von Vorgangsketten sowie deren Auswertung. Mit Hilfe der dv-gestützten Analyse werden Rationalisierungspotentiale aufgezeigt; beispielsweise werden folgende Funktionen unterstützt:

-      Erfassung und Darstellung der Ist-Abläufe in Vorgangskettendiagrammen,
-      Analyse des Istzustandes,
-      Aufzeigen von Schwachstellen,
-      Erstellung   und   Bewertung   von   Soll-Abläufen   in   Form   von
       Vorgangskettendiagrammen.

Das in Zusammenarbeit zwischen der Siemens AG, München, der IDS Prof. Scheer GmbH und dem Institut für Wirtschaftsinformatik entwickelte System CIM-Analyser[3] unterstützt die Erstellung von Integrationskonzepten, insbesondere für klein- und mittelständige Fertigungsunternehmen. Es unterstützt unter anderem die Erstellung von Funktions-, Integrations- und Prozeßmodellen sowie die Erarbeitung der Realisierungsstrategie (Einführungsstrategie).

Auf der Basis vorgegebener Referenzmodelle werden unter Berücksichtigung der Istsituation des Unternehmens die Anforderungen an eine CIM-Gesamtkonzeption mit Hilfe einer dynamischen Wissensbasis abgeleitet. Die im System hinterlegten bzw. generierten Referenzmodelle für

-      Funktionsmodelle,
-      Integrationsmodelle,
-      Vorgangsmodelle und
-      Einführungsmodelle

basieren auf einer Unternehmenstypologie und den unternehmerischen Zielsetzungen.

Der CIM-Analyser unterstützt die in Gliederungspunkt 3 aufgeführte Y * CIM - Methode effizient und verkürzt somit die für die Konzeptionserstellung benötigte Zeit wesentlich.

Literaturverzeichnis

Berkau, C.:
       VOKAL (ein System zur Vorgangskettendarstellung und Analyse) - Struktur der Modellierungsmethode. Arbeitspapier des Instituts für Wirtschaftsinformatik. Saarbrücken 1991.
Jost, W.:
       Konzeption eines DV-Tools zur Entwicklung unternehmensspezifischer CIM-Modelle. Saarbrücken 1991.
Scheer, A.-W.:
       Wie vermeidet man CIM-Ruinen? - Architektur für eine sichere IM-Einführung. In: CIM im Mittelstand. Fachtagung 1991. Hrsg.: A.-W. Scheer. Berlin u. a. 1991.
Scheer, A.-W:
       EDV-orientierte Betriebswirtschaftslehre. 4. Aufl., Berlin u. a. 1990.
Scheer, A.-W.:
       Architektur integrierter Informationssysteme. Berlin u. a. 1991.

---

3   Jost, W.: Konzeption eines DV-Tools zur Entwicklung unternehmensspezifischer CIM-Modelle. Saarbrücken 1991

Anforderungen an das Management von Informationszentren

Von Dr. Wolfram Ischebeck, Stuttgart

1   Einleitung

Es gibt wenige Bereiche, die in den vergangenen Jahren einem stärkeren Wandel unterzogen waren, als die Nutzung der elektronischen Datenverarbeitung in den Unternehmen. Dafür haben natürlich viele technische Innovationen gesorgt. Sie ermöglichten neue Anwendungsbereiche und die Unterstützung einer Vielzahl neuer Benutzer. Genauso bedeutend wie die technologische Entwicklung war die Integration der Datenverarbeitung in wesentliche Unternehmensprozesse. Effizientes Wirtschaften erfordert heute die Nutzung der Datenverarbeitung und wird zukünftig zur unabdingbaren Voraussetzung. Dieser Wandel hat einen direkten Einfluß auf die Verantwortung und die Aufgaben des Managements. Häufig wird dies in der täglichen Arbeit nicht bewußt wahrgenommen und umgesetzt.

2   Entwicklung von Informationszentren

2.1   Vom Datenverarbeitungs- zum Informationszentrum

Mit der elektronischen Bearbeitung von Bildern, Texten, Graphiken, Sprache und Daten wird aus der Daten- die Informationsverarbeitung. Technisch sind die Voraussetzungen für diese integrierte Informationsverarbeitung geschaffen, die organisatorische Implementierung wird in den meisten Unternehmen in einzelnen Projekten vollzogen.

Ein Informationszentrum (IZ) hat dabei die Aufgabe, alle unternehmensrelevanten Informationen zu sammeln, zu verwalten und zu speichern, sie zu bearbeiten und weiterzugeben an andere Informationszentren bzw. an Benutzer. Es ist somit die organisatorische Einheit, die betriebs- bzw. unternehmensweite Informationen vorhält und verteilt. Als es nur um die Verarbeitung von Daten ging, wurde dieser Bereich häufig DV-Abteilung genannt.

Vollständige, konsistente und verfügbare Informationen entscheiden heute über die Wettbewerbsfähigkeit eines Unternehmens und damit über seine langfristige Existenzfähigkeit. Deshalb ist es konsequent, daß das Informationszentrum eine zentrale Rolle im Unternehmen einnimmt und voll in die Unternehmensstrategie einbezogen werden muß.

2.2   Gestaltung von Informationszentren

Ein Informatinoszentrum in einem mittelständischen Unternehmen kann weder von seiner Größe noch von den Aufgaben her mit dem eines Großunternehmens verglichen werden. Das sagt jedoch nichts über den Grad der Integration.

Typischerweise ist das Informationszentrum im Mittelstand kein eigenständiger organisatorischer Bereich, häufig Teil des Rechnungswesens. Eigens Know-how zur Entwicklung von Anwendungen ist nicht vorhanden. Es werden deshalb Softwarepakete von Softwarehäusern eingesetzt, wobei einige funktional einen hohen Integrationsgrad aufweisen.

In größeren Unternehmen ist das Informationszentrum ein eigenständiger Bereich mit eigenem Management. Es deckt das gesamte Aufgabenspektrum ab, hat Ressourcen zur Entwicklung und Integration von Informationen/Anwendungen, verfügt über die notwendige Hard- und Systemsoftware-Voraussetzungen. Großunternehmen kommen mit einem Informationszentrum oft nicht aus, man findet in verschiedenen Bereichen und Betrieben oftmals dedizierte Zentren, häufig wiederum mit eigenem Management. Dies macht die unternehmensweite Integration der Informationsverarbeitung sehr komplex. Der Vollständigkeit halber sei noch erwähnt, daß ein Informationszentrum auch mehreren Unternehmen zur Verfügung stehen kann, beispielsweise in Form von Gemeinschaftszentren mit gleichartigen Informationen und Anwendungen, wie man es bei Sparkassen oder Volksbanken findet, oder in Form von Servicezentren mit unternehmens-individuellen Informationen und Anwendungen. Dabei wird die Verarbeitung mit Hardware und Software mit anderen Unternehmen geteilt.

Schließlich entwickeln sich die Informationssysteme zunehmend zu betriebsübergreifenden Systemen unter Einbeziehung von Geschäftspartnern in Fertigung, Logistik und Vertrieb. Gemeinschafts-, Service- und betriebsübergreifende Zentren stellen natürlich neue Anforderungen an das Management, insbesondere aufgrund der unterschiedlichen Benutzerinteressen, die dabei zu berücksichtigen sind.

2.3 Positionierung des Informationszentrums im Unternehmen

Die Informationszentren haben die Integrität, Vollständigkeit und Verfügbarkeit der Informationen für alle Unternehmensfunktionen sicherzustellen. Sie sind damit der Kern der Unternehmenskommunikation, die individuelle Verarbeitung, Fachanwendungen und Bürokommunikation integriert und mit dem Transportband der Kommunikation verbindet[1]. Deshalb haben Informationszentren auch die Belange aller Unternehmensbereiche zu berücksichtigen, insbesondere die der Linienbereiche, die eine direkte Geschäftsverantwortung tragen.

Das Management dieser Informationszentren kann aus diesem Grunde auch nicht einem einzelnen Fachbereich zugeordnet werden, es muß vielmehr direkt der Unternehmensleitung unterstellt sein. Das ist in vielen größeren Unternehmen mittlerweile gegeben.

3 Management von Informationszentren

3.1 Bisherige Schwerpunkte

Seit der Einführung der Datenverarbeitung gab es eine klare Abgrenzung zwischen der Verantwortung des Managements von DV-Abteilungen und dem Linienmanagement. Das Wort Linie umfaßt dabei alle Bereiche, die Verantwortung für einen wichtigen Teil des Unternehmens haben. Das Linienmanagement hat seine Anforderungen möglichst detailliert zu definieren, die Entwicklung der DV-Systeme in regelmäßiger Folge zu überprüfen und das fertige Anwendungsprodukt abzunehmen. Natürlich waren die Benutzer für Richtigkeit

---

1   vgl. Ischebeck, W.: Unternehmenskommunikation aus strategischer Sicht. In: Schriften zur Unternehmensführung. Band 42, S. 20-49. Hrsg.: H. Jacob u. a. Wiesbaden 1990.

und Vollständigkeit der Daten verantwortlich. Die Daten selbst und ihre Verwaltung aber war Sache des DV-Managements. Ihm war es auch überlassen, welche Hard- und Software-Technologie es für die Anwendung und die Anwender einsetzte. Ob es beispielsweise eine zentralisierte, dezentralisierte oder verteilte Verarbeitung vorsah. Welche Datenbanktechnologie es auswählte und wie es die Integration zu anderen DV-Anwendungen ermöglichte.

Die DV-Kompetenz war allein in den DV-Abteilungen vorhanden und ihnen auch vorbehalten. Diese Aufgabenverteilung wird vielfach heute noch praktiziert. Sie hat den Vorteil klarer Verantwortlichkeiten aber gleichzeitig den gravierenden Nachteil, daß die vollständige Integration der Informationsverarbeitung in alle Tätigkeitsbereiche nicht erreicht werden kann.

3.2   Neue Herausforderungen

3.2.1 Unternehmensweite Integration

Datenverarbeitung alleine war nicht ausreichend zur Unterstützung aller Unternehmens- und Entscheidungsprozesse. Dazu sind alle Arten von Informationen erforderlich. Das kann ein Informationszentrum heute liefern, sofern es die notwendigen Voraussetzungen dafür schafft, wie zum Beispiel Verfügbarkeit mittels relationalen Datenbanken zur flexiblen Kombination von Informationen.

Die Voraussetzungen gehen zusammen mit der Notwendigkeit dieser Integration. Aus vielen Gründen wird die Geschäftsabwicklung zunehmend komplexer und zeitkritischer. Aktions- bzw. Reaktionsgeschwindigkeit werden entscheidend für die eigene Wettbewerbsfähigkeit. Und diese erfordern vollständige und aktuelle Informationen. Die Verantwortung für die Wettbewerbsfähigkeit liegt aber eindeutig in den Linienbereichen.

Konsequenterweise müßte man deshalb einen Schritt weitergehen: Auch die Verarbeitung und die Bereitstellung der Ergebnisse muß Linienverantwortung werden. Denn nur diese kennt das Umfeld, weiß welche Informationen wie verarbeitet werden müssen und kann die Ergebnisse in Maßnahmen umsetzen. Das führt zu einer deutlichen Verlagerung der Verantwortlichkeiten[2].

Dem Informationszentrum verbleibt die Verantwortung zur Bereitstellung der technischen Infrastruktur der Speicherung von Informationen, z. B. aufgrund gesetzlicher Auflagen sowie der Implementierung kritischer Informationssysteme inklusive betriebsübergreifender Systeme.

3.2.2 Die Verantwortung des Benutzers

Insbesondere die Verfügbarkeit von Personal Computern, die vor 10 Jahren erstmalig auf den Markt gekommen waren, hat die Verantwortung des Benutzers nachhaltig verändert. Bis dahin war er völlig davon abhängig, wie und welche Informationen das Informationszentrum ihm wann per Terminal, Liste etc. zur Verfügung stellte. Er konnte keinen Einfluß darauf nehmen. Mit dem Personal Computer ist er in der Lage, Daten, Texte, Bilder und Graphiken vom Informationszentrum auf seinen PC zu holen, dort weiterzuverarbeiten und die Ergebnisse in der von ihm gewünschten Form bereitzustellen.

---

2   vgl. Rockart, J.: The Line Takes the Leadership - IS Management in a wired society. Information
       Management, 3(1988)4, S. 6-13.

Diese Flexibilität ermöglichte die bekannten Verbesserungen der Preis-/Leistungsfähigkeit dieser Personal Computer in diesen 10 Jahren. Die rasante Akzeptanz der Personal Computer führt dazu, daß bereits heute ca. 1/3 des gesamten IS-Budgets eines Unternehmens auf PCs entfallen, für das Jahr 2000 geht man von mehr als 50 % aus.

Das Management von Informationszentren muß diese Entwicklung unterstützen. Einmal indem es den Benutzer (Anwender) in die Lage versetzt, mit dem Personal Computer diese Flexibilität und Verantwortung zu nutzen. Zum anderen muß das Informationszentrum Informationen abruffähig durch den Benutzer vorhalten. Das erfordert eine Anforderungskontrolle sowie eine Dokumentation der abgerufenen Daten.

Auch die flexible Verfügbarkeit der Informationen zum Beispiel über relational strukturierte Datenbanken gehört dazu. Schließlich muß festgelegt werden, welche Unternehmensprozesse wegen ihrer herausragenden Bedeutung für das Gesamtunternehmen weiterhin und vorrangig durch das Informationszentrum unterstützt werden müssen. Alle anderen Verarbeitungsvorgänge sind in sinnvollen Schritten auf den Anwender zu verlagern. Er wird so in die Lage versetzt, vorgangsbezogen seine Aufgabe zu erledigen, sie in eigener Verantwortung abzuwickeln.

3.2.3 Die Unternehmenskommunikation

Unternehmenskommunikation, wie sie bereits unter Punkt 2.3 definiert wurde, ist zugleich ein Ziel wie zunehmende Realität. Kein Unternehmen hat sie vollständig implementiert, aber viele Unternehmen sind auf dem Wege dahin. Was ist neu an dem Ziel Unternehmenskommunikation? Die Komponenten individueller Verarbeitung, Fachanwendungen und Bürokommunikation werden in einem Informationssystem verbunden. Das ermöglicht nicht nur, daß jeder Benutzer auf die für seine Aufgaben relevanten Informationen Zugriff hat, sondern daß er auch mit jedem anderen im Unternehmen sowie mit Geschäftspartnern außerhalb des Unternehmens in Verbindung treten und Informationen austauschen kann[3].

Schließlich kann der Benutzer integrierte Bürofunktionen wie z. B. Textverarbeitung und Postbearbeitung im Rahmen der Unternehmenskommunikation nutzen. Kein Unternehmen kann es sich leisten, alle Funktionen der Unternehmenskommunikation selbständig zu entwickeln. Das würde Jahre dauern und enorme Investitionen erfordern.

Deswegen sind standardisierte Komponenten notwendig und werden heute auch schon angeboten. Die Integration der Fachanwendungen über definierte Schnittstellen sowie die Implementierung der Telekommunikationsarchitektur kann nur unternehmensspezifisch erfolgen. Das erfordert neue Fähigkeiten im Informationszentrum, es müssen lokale und entfernte Netze sowie neue Architekturelemente verstanden, umgesetzt und zusammengeführt werden. Diese Kenntnisse sind oft noch nicht in ausreichendem Umfang vorhanden, da sich die Anforderungen in dieser Form bisher nicht gestellt haben. Es geht um die Gesamtarchitektur der Telekommunikation, in die jeder Benutzer einbezogen werden muß. Dies ist keine einmalige Aufgabe. Gerade neue Arbeitsweisen wie Verbundverarbeitung erfordern eine regelmäßige Überprüfung der optimalen Nutzung aller Hierarchieebenen in einem Informationssystem. Und jede Veränderung hat direkte Konsequenzen auf die Auslegung (Kapazität) der bereitgestellten Telekommunikationsstrecken.

---

3   vgl. Ischebeck, W.: Betriebsübergreifende Informationssysteme. Information Management, 4(1989)1, S. 22-26.

3.3   Veränderte Aufgabenstellungen

Die frühere Verantwortung des Managements eines Informationszentrums umfaßte Funktionen, Anwendungen und technische Leistungsfähigkeit aller Informationssysteme des Unternehmens. Mit Ausnahme der Qualität von Originärinformationen war das IZ-Management umfassend zuständig. Die früheren Vorteile einer ganzheitlichen Verantwortung, wo das IZ-Management sowohl Anwendungen als auch technologische Innovationen beherrschen mußte, gelten nicht mehr. Das Linienmanagement übernimmt die Verantwortung für die Teile des IS-Systems, die es auch im Unternehmen verantwortet. Es legt selbst fest, wie die Informationsverarbeitung zukünftig zu seiner Unterstützung eingesetzt werden soll, d. h. es macht seine eigene IS-Strategie. Das muß selbstverständlich in Abstimmung mit dem IZ-Management erfolgen.

Das IZ-Management hat folgende Aufgabenschwerpunkte:

-   Bereitstellung der Infrastruktur
    Dies umfaßt Computersysteme, Datenbanken, Telekommunikation vom zentralen System bis zur Anschlußfähigkeit von Personal Computern, oft über mehrere Stufen hinweg.
-   Unterstützung der Anwender
    Hierzu gehört Information, Ausbildung und Unterstützung aller Benutzer.

-   Integration der IS Strategien
    Anwenderstrategien müssen integriert werden in die Gesamtstrategie der Informationsverarbeitung einschließlich unternehmensübergreifender Systeme.

Hat damit das IZ-Management Einfluß und Stellenwert im Unternehmen eingebüßt? Auf keinen Fall. Die herausragende Bedeutung der elektronischen Informationsverarbeitung für das gesamte Unternehmen gibt dem Management einen hohen Stellenwert. In vielen Unternehmen ist deshalb der Leiter des Informationszentrums Mitglied der Geschäftsleitung.

4   Kritische Erfolgsfaktoren

Aus den generellen Erfolgsfaktoren für das IZ-Management ragen fünf Faktoren heraus, die für die neue Aufgabenstellung des Informationszentrums besonders wichtig sind. Sie werden deshalb kritische Erfolgsfaktoren genannt und müssen besonders beachtet werden[4].

---

4   vgl. Rockart, J.: Critical Success Factors. Proceedings of the Fourteenth Annual Conference of the Society for Information Management. o.O. 1982, S. 17-21.

4.1 Effizienz des Benutzerservice

Der Benutzerservice muß alle Personen, die Zugang zu dem Informationssystem haben, unterstützen. Das umfaßt Bereitstellung der Benutzergeräte, Ausbildung und Einweisung sowie laufende Beratung. Unter Bereitstellung ist nicht die physische Installation gemeint, sondern die Erprobung und Empfehlung der Personal Computer, die die Voraussetzungen für die Integration in das gesamte IS-System erfüllen. Diese Empfehlung muß sowohl für die Hardware als auch die Software gelten. Hilfreich sind hier Anwendungsarchitekturen, wie zum Beispiel die System Anwendungs Architektur (SAA) von IBM. Im Rahmen dieser Architektur wurden Betriebssysteme (z. B. OS/2), Datenbanken (z. B. DB/2) und Programmiersprachen (z. B. die Sprache C) definiert, die diese Integration sicherstellen.

Die Ausbildung des Benutzers umfaßt Einweisung in die Handhabung von Anwendungen und Hardware sowie das Erlernen von Softwarepaketen, mit denen der Benutzer Informationen auf seinem Personal Computer selbständig verarbeiten kann. Es gibt heute eine fast unüberschaubare Anzahl dieser Pakete, das Informationszentrum kann sich nur noch auf die wesentlichen konzentrieren. Benutzerspezifische Anwendungspakete muß der Fachbereich zukünftig selbst evaluieren. Die laufende Unterstützung und Beratung aller Personen macht den größten Teil der Arbeit des Benutzerservice aus. Dazu ist es erforderlich, daß während der gesamten Arbeitszeit kompetente Fachleute zur Verfügung stehen, um Fragen zu beantworten bzw. Probleme zu lösen. In der Regel kommunizieren Benutzer und Serviceabteilung sowohl über Mailbox (d. h. Bürokommunikation) als auch über Hotlinesysteme (d. h. Telefonkommunikation). Der Maßstab eines erfolgreichen Benutzerservice sind zufriedene Benutzer, die in der Lage sind, Informationsverarbeitung umfassend an ihrem Arbeitsplatz zu nutzen.

4.2 Unterstützung wesentlicher Unternehmensprozesse

Ein Unternehmensprozeß umfaßt zusammenhängende Tätigkeiten und Handlungen zur Schaffung von Produkten und Dienstleistungen. Die Abwicklung eines Kundenauftrages, die Lohn- und Gehaltsabrechnung, die Produktionsplanung oder die Produktion selbst sind Beispiele solcher Unternehmensprozesse. Jedes Unternehmen hat eine Vielzahl dieser Prozesse, ihr reibungsloser Ablauf sichert die Existenzfähigkeit des Unternehmens. Die Nutzung von Informationstechnologie im gesamten Prozeß bzw. in Teilprozessen ist eine wichtige Aufgabe des Informationszentrums.

Es sorgt dafür, daß der Prozeß in seiner Gesamtheit über alle organisatorischen Grenzen hinweg gesehen und unterstützt wird. Anwendungsentwicklung, Wartung bestehender Anwendungen sowie Projektmanagement für die wesentlichen Prozesse kommt vom Informationszentrum. Dabei hat es sicherzustellen, daß die Prozeßsysteme fehlerfrei sind und der Gesamtprozeß effektiv im Sinne von Zeit und Kosten abgewickelt werden kann. Das Hauptproblem heute ist die große Zahl von Änderungen aufgrund gesetzlicher Vorschriften oder unternehmerischer Entscheidungen. Dies erfordert eine Abkehr von traditionellen Anwendungsentwicklungsabläufen, da eine spätere Änderung (Wartung) der dabei entstehenden Anwendungen sehr viel Aufwand verursacht. Häufig sind deshalb bis zu 70 % aller Mitarbeiter des IZ-Anwendungsbereiches mit Wartungsaufgaben beschäftigt. Notwendig sind Anwendungsgeneratoren auf Basis von Datenmodellen und einer integrierten Arbeitsweise von der Anforderung bis zur Anwendungserstellung und Dokumentation. AD/Cycle von IBM ist eine derartige offene Anwendungsentwicklungsplattform.

4.3 Bereitstellung neuer Technologien

Die Informationstechnologie hat sich schon immer durch eine hohe Innovationsrate ausgezeichnet. Die in den 90er Jahren erwarteten technologischen Entwicklungen werden diesen Trend nochmals beschleunigen. Ein Beispiel: Die Verteilung von Anwendungen (Cooperative Processing) bzw. von Informationen (Distributed Data Base) auf mehrere Hardwaresysteme unter Bereithaltung von Konsistenz und Integrität.[5] Ein weiteres Beispiel: Personal Computer bzw. Workstations, die heute schon die Leistungsfähigkeit früherer Großcomputer erreichen, werden ihre Leistung weiter erhöhen. Das verbreitert nicht nur ihre Einsatzmöglichkeiten, sondern ermöglicht auch ganz neue Einsatzbereiche. Client/Server Computing in lokalen Netzen schafft die Voraussetzungen für Abteilungs- bzw. bereichsbezogene Informationssysteme. Diese wiederum müssen in unternehmensweite Systeme eingebunden werden. Ein drittes Beispiel: ISDN als zukünftige Technologie der Telekommunikation erlaubt hohe Übertragungsgeschwindigkeiten und mehr Flexibilität im Anschluß von Endgeräten, was zu einer deutlichen Verbesserung der Kommunikation führen wird.

Objektorientierte Programmierungsverfahren, Informationsmodelle und Anwendungsarchitekturen werden die Anwendungsentwicklung beschleunigen. Das IZ-Management muß sich nicht nur mit diesen Technologien rechtzeitig auseinandersetzen. Es muß auch den Weg aufzeigen, wie diese in das eigene Informationssystem übernommen werden können, um einen technologischen Rückstand zu vermeiden. Dazu wird es erforderlich, ein "Technologielabor" einzurichten, wo neue Hard- und Softwareprodukte geprüft und versuchsweise integriert werden.

4.4 Durchsetzung der IS-Strategie

Die IS-Strategie umfaßt sowohl einen Informationsplan für die Entwicklung des gesamten Informationssystems als auch eine längerfristige Vision über die Nutzung von Informationstechnologie. Beide müssen Teil des Unternehmensplans bzw. der unternehmerischen Vision sein. Diese Strategie stellt die Klammer zwischen Unternehmensprioritäten, Informationstechnologie, Informationssystemen und Benutzern dar. Deshalb kann sich auch nur zusammen mit allen Linien- und Stabsbereichen erarbeitet und von der Geschäftsleitung entschieden werden. Als zweckmäßig hat sich eine Überarbeitung einmal pro Jahr erwiesen. Die Erstellung dieser IS-Strategie ist Aufgabe des Leiters des Informationszentrums.

---

5   vgl. Scheer, A.-W.: EDV-orientierte Betriebswirtschaftslehre. 4. Aufl., Berlin u. a. 1990, S. 91.

4.5   Implementierung der neuen Aufgaben

Die Aufgaben des IZ-Managements haben sich aufgrund der dargestellten Veränderungen gewandelt. Wichtig ist, daß die Linienbereiche die an sie transferierten Verantwortungsbereiche aktiv annehmen und in ihr Tätigkeitsspektrum einbeziehen. Sie tragen zukünftig die Verantwortung für den Teil des Informationssystems, der direkt und nur ihren Bereich betrifft. Dieser Transfer ist jedoch kein einmaliger Vorgang. Er muß in einzelnen Schritten geplant, implementiert und auch modifiziert werden. Die neue Balance der Aufgaben ist dann erreicht, wenn die Linienbereiche in der Lage sind, ihre Bereichs- und IS-Strategie zu integrieren und selbständig zu entwickeln[6]. Das IZ-Management übernimmt eine Fülle neuer Aufgaben, vom Benutzerservice hin zur Integration der IS-Strategie in die Unternehmensstrategie. Das erfordert zahlreiche neue Fähigkeiten in Funktionen wie IS Controlling, Projektmanagement, Ausbildung Technologielabor und Strategie. Das hat Auswirkungen auf Organisation, Arbeitsweise und Personalführung des Informationszentrums.

Literaturverzeichnis

Ischebeck, W.:
  Betriebsübergreifende Informationssysteme. Information Management, 4(1989)1, S. 22-26.
Ischebeck, W.:
  Unternehmenskommunikation aus strategischer Sicht. In: Schriften zur Unternehmensführung. Band 42, S. 20-49. Hrsg: H. Jacob u. a. Wiesbaden 1990.
Rockart, J.:
  Critical Success Factors. Proceedings of the Fourteenth Annual Conference of the Society for Information Management. o. O. 1982, S. 17-21.
Rockart, J.:
  The Line Takes the Leadership - IS Management in a wired society. Information Management, 3(1988)4, S. 6-13.
Scheer, A.-W.:
  EDV-orientierte Betriebswirtschaftslehre. 4. Aufl., Berlin u. a. 1990.

---

6   vgl. Rockart, J.: The Line Takes the Leadership - IS Management in a wired society. Information Management, 3(1988)4, S. 6-13.

4.4 Zusammenfassung der neuen Aufgaben

Die Aufgaben des IS-Managements lassen sich, aufgrund der dargestellten Veränderungen […]

Literaturverzeichnis

[…]

Informationssysteme zum Controlling von Entwicklungsprojekten

Von Dr. Claus Helber, Viersen und Weert

Inhaltsübersicht

Es wird dargestellt, welche Informationen die verschiedenen Ebenen eines Unternehmens benötigen, um die mit der Entwicklung von Erzeugnissen angestrebten Ziele erreichen zu können. Dabei wird darauf hingewiesen, daß die Anwendung von betriebswirtschaftlichen Modellen in der Praxis durch die zur Verfügung stehenden Daten begrenzt ist.

1 Entwicklungsprojekte und Wettbewerbsfähigkeit von Unternehmen

Unternehmen in der freien Marktwirtschaft können nur überleben, wenn sie Vorteile gegenüber ihren Wettbewerbern besitzen. Dies gilt auf nationaler wie auf internationaler Ebene.

In Produktfeldern, deren Erzeugnisse weltweit hergestellt werden können, heißt dies für Unternehmen in einem Hochlohnland wie der Bundesrepublik, daß durch technischen Vorsprung zusätzliche Lohnkostennachteile, die den Faktor 10 betragen können[1], ausgeglichen werden müssen. Dieser Ausgleich kann durch Qualität, durch Fertigungsverfahren und durch immer schneller umzusetzende neue Funktionen oder das Design erreicht werden. Bei kurzen Produktlebenszyklen - z. B. bei Autoradios von unter 2 Jahren - ist diese Aufgabe durch Entwicklung neuer Erzeugnisse permanent zu realisieren, wobei einige wenige Fehlentwicklungen das "Aus" für ein Unternehmen bedeuten können.

Entsprechend hoch ist die Priorität, die der Entwicklung neuer Erzeugnisse zukommt und entsprechend effizient müssen die Informationssysteme des Controllings sein, um rechtzeitig Abweichungen aufzeigen zu können und die Voraussetzungen für korrigierende Maßnahmen zu schaffen.

So ist es in der Elektronikbranche oft nur für den Marktführer oder den Zweitplazierten möglich, den hohen Entwicklungsaufwand auf die Erzeugnisse umzulegen; innerhalb kürzester Zeit sind die Marktpreise derart verfallen, daß dann eine Weitergabe an den Markt nicht mehr möglich ist.

Damit sind nicht nur die Entwicklungskosten zu verfolgen, wichtiger noch sind das Erreichen der geplanten Stückkosten, das Realisieren vorgesehener Erlöse und das Einhalten von geplanten Terminen.

---

1   Der Stundenlohn ohne Personalzusatzkosten betrug 1990 in der Bundesrepublik rd. 20,- DM, in Malaysia rd. 2,- DM.

2 Klassifizierung von Entwicklungsprojekten und Datengenauigkeit

Planungssysteme können nur so gut sein, wie die in ihnen verarbeiteten Daten genau sind[2]. Hier zeigt sich häufig ein grundlegender Unterschied zwischen betriebswirtschaftlichen Lösungsansätzen und der Praxis. Oft ist die Qualität der Daten ungenau oder die Möglichkeiten ihrer Ausprägung sind so vielfältig, daß die Anwendung komplexer Planungssysteme begrenzt wird. Der Aufwand bei der Ermittlung der Daten sollte so hoch sein, daß die Daten eine derartige Genauigkeit erreichen, daß die mit ihnen getroffenen Entscheidungen denen bei voller Datensicherheit entsprechen. Dies gilt auch für das Controlling von Entwicklungsprojekten. Je höher der Wiederholcharakter von Entwicklungsschritten ist, umso größer ist die Datengenauigkeit von Kosten, Terminen und Kapazitäten und umso geringer ist das Risiko, daß das gewünschte Ergebnis nicht erreicht wird (vgl. Abbildung 1).

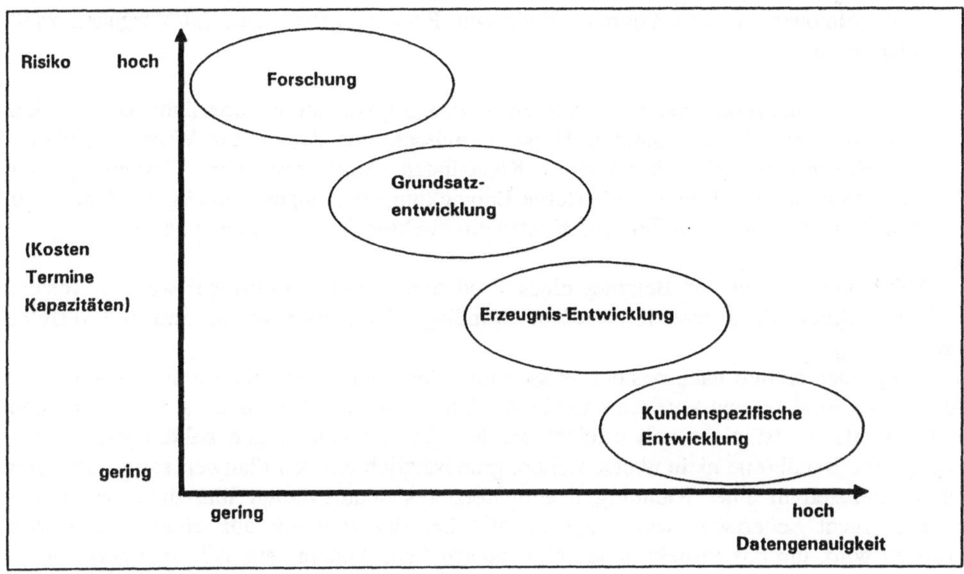

Abbildung 1: Datengenauigkeit und Risiko bei F+E-Projekten

---

2   Zu den Kostenabhängigkeiten des Kontrollprozesses vgl. Scheer, A.-W.: Projektsteuerung. Wiesbaden 1978, S. 151 ff.

3   Informationspflicht des Controlling und Interessen der Fachabteilungen

Neben den grundsätzlichen Problemen der Datenunsicherheit ist in der Praxis zusätzlich zu berücksichtigen, daß Informationen in den verschiedenen Bereichen eines Unternehmens zwar vorhanden sind, es aber nicht in jedem Fall die Absicht des Informationsinhabers ist, diese Informationen ungefiltert und uneingeschränkt weiterzugeben. Das Interesse eines Entwicklers, den Verzug eines Teilschrittes oder eines Projektes zu melden, wird solange gering sein, wie er die Hoffnung hat, diesen Verzug noch aufholen zu können. Hier ist es Aufgabe des Controllings, das Berichtssystem so zu gestalten, daß diese Information zwangsläufig geliefert wird und die Abweichungen den Entscheidungsträgern bekannt werden.

1.   Um dies zu ermöglichen, ist eine Planung der Aktivitäten in Teilschritten notwendig, bei deren Kontrolle die Abweichung ausgewiesen wird. Bereits bei Planung muß beachtet werden, daß die einzelnen Schritte so definiert werden, daß sie auch im Ist nachvollzogen werden können: Zwischen Plan-Vorgehen und Ist-Vorgehen muß Identität bestehen.

2.   Es sind Quervergleiche mit anderen Planungssystemen erforderlich: Die in den einzelnen Projekten geplanten Umsätze müssen mit denen des Wirtschaftsplanes übereinstimmen, die benötigten Kapazitäten sind mit der Gesamtkapazität abzustimmen. Wird nicht auf externe Entwicklungsleistungen zurückgegriffen, ist zu beachten, daß zwischen Zeit und Kosten ein direkter Zusammenhang besteht.

Abbildung 2 zeigt am Beispiel eines Produktentwicklungsauftrags, welche Kosten, Erlöse und Stückzahlen erwartet werden, Grundlage der Entscheidung sind und verfolgt werden.

Plangrößen sollten nach bestem Wissen und Gewissen festgelegt werden. Auch wenn während der Realisierung korrigierende Maßnahmen eingeleitet werden, ist es normal, daß die Planwerte im Ist nicht voll erreicht werden. Die Abweichungen sollten jedoch eine vorgegebene Bandbreite nicht überschreiten, grundsätzlich um den Planwert schwanken und nicht tendenziell in einer Richtung liegen. Letzteres deutet darauf hin, daß das Projekt entweder nicht beherrscht wird oder bewußt bei der Planung auf einen Extremwert gegangen wird, um das Projekt genehmigt zu erhalten. Andererseits läßt eine permanente Unterschreitung den Schluß zu, daß bei der Planung Reserven gelegt werden.

Im folgenden wird auf die besonderen Probleme einzelner Funktionsbereiche eines Unternehmens, die sich beim Controlling von Entwicklungsprojekten ergeben, eingegangen.

<table>
<tr><td colspan="2">Produktentwicklungsauftrag: A1</td><td colspan="2">Projekt-Nr.: 3.470.620.</td></tr>
<tr><td>Beschreibung:</td><td>Mittelklassegerät</td><td colspan="2">UKW, MW
ARI
Cassetten Reverse Laufwerk
Ausgangsleistung 4 x 20 W</td></tr>
<tr><td colspan="2">Wettbewerbssituation:</td><td colspan="2">Wettbewerber 1 Alpha   210,-- DM
Wettbewerber 2 Beta   230,-- DM</td></tr>
<tr><td>Erlös:</td><td>1. Jahr 230,-- DM
2. Jahr 210,-- DM
3. Jahr 190,-- DM</td><td colspan="2">Stückzahl:1. Jahr: 70 000
        2. Jahr: 100 000
        3. Jahr: 50 000</td></tr>
<tr><td>Stoff:</td><td>75,-- DM</td><td colspan="2"></td></tr>
<tr><td>Lohn:</td><td>21,-- DM</td><td colspan="2"></td></tr>
<tr><td>Entwicklungskosten:</td><td>300 000,-- DM</td><td>Markteinführung:</td><td>08/91</td></tr>
<tr><td>Werkzeugkosten:</td><td>150 000,-- DM</td><td>Fertigungsbeginn:</td><td>05/91</td></tr>
<tr><td></td><td></td><td>Entwicklungsbeginn:</td><td>02/90</td></tr>
<tr><td colspan="4">Verantwortlicher Projektleiter: Braun</td></tr>
<tr><td>Genehmigung:</td><td>Marketing:
Entwicklung:
Controlling:</td><td colspan="2">Bemerkungen:

muß zur IFA 91 fertig sein</td></tr>
<tr><td>Datum:</td><td>10.10.89</td><td colspan="2">Geschäftsleitung: x x x</td></tr>
</table>

Abbildung 2: Produktentwicklungsantrag

Entwicklungsebene

Das Informationssystem muß je Entwicklungsprojekt die angefallenden Kosten und den Zeitablauf dokumentieren. Dies erfordert eine zeitnahe und projektgenaue Dateneingabe durch die Entwickler. Mit Hilfe von Meilensteinen läßt sich abschätzen, welches Stadium des Projektfortschritts erreicht ist[3].

Neben einem ereignisorientierten Vorgehen ist ein zeitorientierter Ansatz möglich, in dem zu bestimmenden Zeitpunkten t, z.B. monatlich, der noch zu erwartende Aufwand $A_{Rest}(t)$ geschätzt wird. Ist $A_{Ist}(t)$ der bisher angefallene Aufwand zum Zeitpunkt t, dann dann der Projektfortschritt F(t) definiert werden zu

$$F(t) = \frac{A_{Ist}(t)}{A_{Ist}(t) + A_{Rest}(t)}$$

Wird durch den Entwickler festgestellt, daß der bisherige Planwert grundsätzlich überschritten wird, so muß ein Nachtrag gestellt und genehmigt werden. Dies führt in obiger Formel dazu, daß durch Erhöhen des Wertes $A_{Rest}(t)$ der Wert F(t) kleiner als F(t-1) ist; F(t) also nicht kontinuierlich sondern in Sprüngen verläuft (vgl. Abbildung 3).

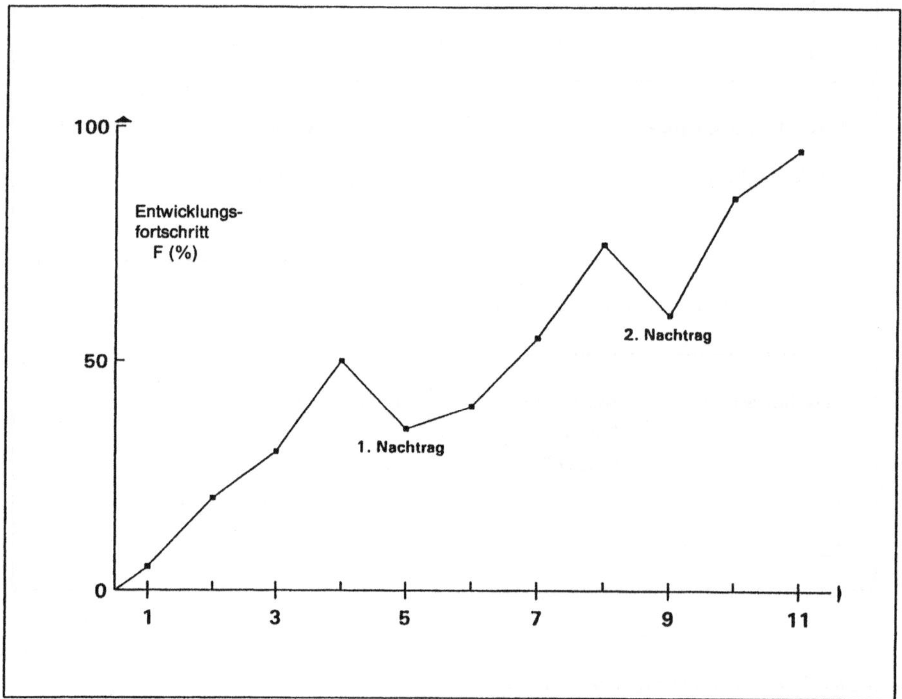

Abbildung 3: Entwicklungsfortschritt im Zeitablauf

---

3   vgl. Scheer, A.-W.: Projektsteuerung. Wiesbaden 1978, S. 29.

Zusätzlich ist für die Entwicklungsebene ein Termin- und Kostenverfolgungssystem notwendig. Neben der Verfolgung dieser Werte für einzelne Projekte hat ein Entwicklungskosten- und Terminverfolgungssystem darüberhinaus die Aufgabe, die Interdependenzen zwischen den verschiedenen Entwicklungsprojekten, die teilweise gleiche Ressourcen beanspruchen, darzustellen. Derartige Ansätze wurden insbesondere in den sechziger und siebziger Jahren in der Literatur intensiv diskutiert und stellen heute Standardanwendungen für das Projektcontrolling dar[4].

Fertigungsebene

Von der Fertigungsebene sind Fertigungsverfahren, Investitionen, Erstwerkzeugkosten und Arbeitspläne abhängig. Hier können sich durch mehrere auf einer Anlage zu bearbeitende Erzeugnisse Zuordnungsprobleme und damit Datenungenauigkeiten ergeben. Soweit Stücklohn bezahlt wird, ist davon auszugehen, daß die Genauigkeit der Arbeitspläne hoch ist; Abweichungen sind in Mehrlohnstatistiken, die einen verursachungsgerechneten Ausweis gestatten, darzustellen. Bei der Bezahlung von Zeitlohn wird die Genauigkeit der Arbeitsplanzeiten grundsätzlich geringer sein. Diese Werte bereits in der Planungsphase zu erfassen, ist schwierig und stellt ein besonderes Problem für die entwicklungsbegleitende Ermittlung der Stückkosten durch die Kalkulation dar.

Kalkulationsebene

Obwohl die Einzelkosten je Erzeugnis entscheidend durch die Entwicklung beeinflußt werden, ist eine laufende Aussage über die Einzelkosten während der Entwicklungsphase nur mittelbar möglich[5]. Im Zusammenwirken zwischen Entwicklung, Fertigung und Vorberechnung läßt sich anhand von Funktionskostengliederungen eine Abschätzung von Stoff- und Lohnkosten im Entwicklungszeitraum vornehmen; der Aufwand einer laufenden Pflege ist hoch und kann nicht kontinuierlich durchgeführt werden. So ist das Rechnungswesen auf laufende Informationen der Entwicklung angewiesen und kann Hilfestellung bei der Überprüfung der angestrebten Werte geben. Nach den Entwicklungskalkulationen ist eine erste abgesicherte Aussage über die vorberechneten Werte erst nach Vorliegen von Stückliste und Arbeitsplan möglich. Danach sollte anhand regelmäßiger Stichtagskalkulationen die Entwicklung der Stoff- und Lohnwerte im Zeitablauf überprüft werden.

Vertriebsebene

Informationen der Vertriebsebene werden benötigt, um für die Marktseite den Ist-Zustand mit den Planwerten des Produktentwicklungsauftrages zu vergleichen. Die Ist-Daten werden der administrativen Datenverarbeitung entnommen und weisen eine hohe Genauigkeit auf. Ein Beispiel ist der Umsatz. Er wird von der Buchhaltung erfaßt und in Umsatzstatistiken gemeldet.

Geschäftleitung

Die Geschäftsleitung muß rechtzeitig Informationen über signifikante Abweichungen aller im Produktentwicklungsauftrag enthaltenen Daten, wie Termine, Entwicklungs- und Einzelkosten, erhalten.

---

4   vgl. Jacob, H.: Anwendung der Netzplantechnik im Betrieb. In: SzU, Band 9, Hrsg.: H. Jacob, u. a. Wiesbaden 1969.

5   vgl. Scheer, A.-W.: EDV-orientierte Betriebswirtschaftslehre. 4. Aufl., Berlin et al. 1990.

Jedoch ist das Bereitstellen allein von Daten nicht ausreichend. Die Daten müssen durch Analysen ergänzt werden. So kann das Überschreiten der Lohnkosten seine Ursache in der Fertigungsgestaltung oder bereits in der Entwicklung haben. Da die Ursachen zwischen den Beteiligten strittig sein können, ist eine Vorabklärung und Kommentierung erforderlich.

4   Berichtswesen

Die Aufgabe des Controllings besteht darin, diese Klärung herbeizuführen und allen steuernden Funktionen, die für ihre Arbeit notwendigen Informationen zu geben, diese sachgerecht und neutral aufzubereiten sowie zu verdichten (vgl. Abbildung 4). Das Berichtswesen kann funktionsspezifisch oder funktionsübergreifend sein. Dabei ist auf die Datenbestände des Unternehmens und seiner Fachabteilungen zuzugreifen. Diese Filter- und Informationsfunktion erfordert Fingerspitzengefühl und Durchsetzungsvermögen.

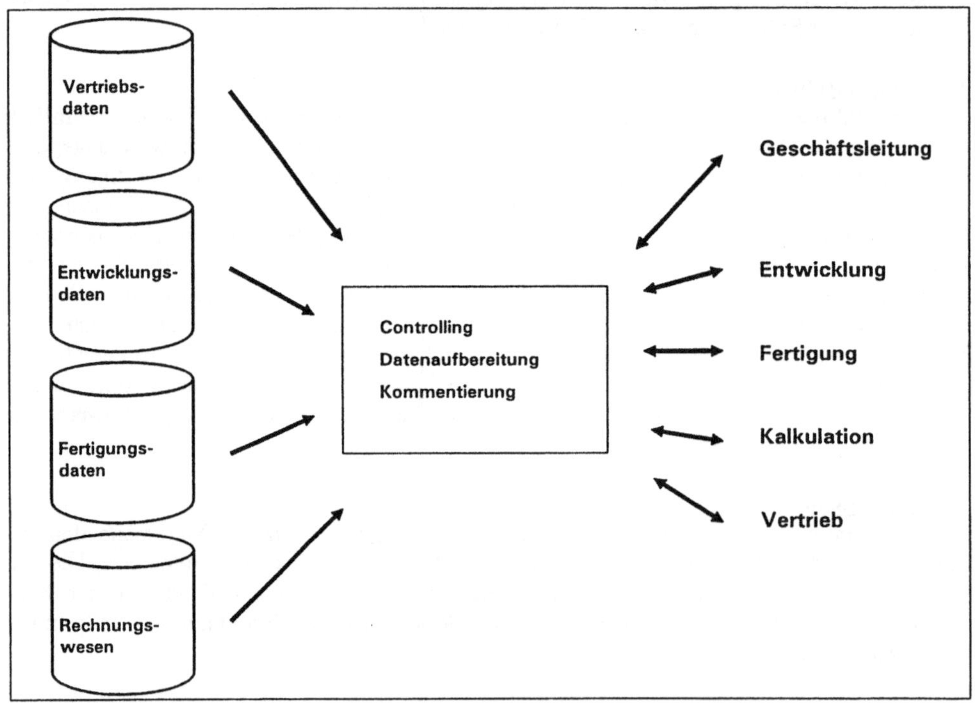

Abbildung 4: Informationsaufbereitung durch das Controlling

Mit Hilfe der Statistik ist der Stundeneinsatz zu verfolgen. Ziel muß es sein, den Anteil der Produktentwicklung im Verhältnis zu den allgemeinen Aufgaben hoch zu halten. Eine derartige Statistik sollte monatlich erscheinen. Empfänger sind Entwicklungsleitung,

Controlling und Geschäftsleitung. Abbildung 5 zeigt einen Aufriß über die Nutzung der Entwicklungskapazität.

Verteiler: ... Herausgeber: ...	Berichtsmonat 03.91 Erstellt am:...	Gesamtstunden Vorjahr	%	Entwicklungsabteilung Ist lfd. Monat	Jahresteil	± % von Plan	%	Planstunden Jahr	%
Stunden eigene Mitarbeiter		78975	90	6363	19014	-10	86	84600	95
Stunden Fremde		8670	10	1100	3074	156	14	4800	5
Soll-Stunden		87645	100	7463	22088	-1	100	89400	100
	davon Urlaub	13614	17	494	2425	-37	13	15300	18
	davon Krankheit	4164	5	381	591	-44	3	4200	5
Ist-Stunden		69867	78	6588	19072	9	84	69900	77
	davon Überstunden	1696	2	147	413	0	2	0	0
1.1	Projekt A	5812	8	457	818	-58	4	7800	11
1.2	Projekt B	193	0	35	76	1	0	300	0
1.	Gesamt Kundenaufträge	16338	23	1617	4483	-19	24	22100	32
2.1	Projekt H	6919	10	735	1966	17	10	6700	10
2.2	Projekt I	16480	24	1520	4677	17	25	16000	23
2.	Gesamt Entwicklungsaufträge	23399	33	2260	6645	17	35	22700	32
3.1	EDV	334	0	7	36	-74	0	550	1
3.2	Fertigung	2272	3	164	553	-4	3	2300	3
3.3	Endabnahme	92	0	5	41	-18	0	200	1
3.4	Vertrieb	9859	14	907	2316	19	12	7800	11
3.	Gesamt Arbeiten für andere Kostenstellen	15678	22	1181	5306	-57	27	20850	29
4.1	Fortbildung	1394	2	692	1882	71	10	4400	6
4.2	Normarbeiten	3190	5	306	1004	15	5	3500	5
4.	Gesamt Arbeiten für eigene Kostenstellen	14452	21	1530	4606	68	24	10950	16
	Summe aller Stunden	69867	100	6588	19072	9	100	69900	100

Abbildung 5: Entwicklungstundennachweis

Über dieses funktionsspezifische Berichtswesen geht der in Abbildung 6 dargestellte Plan-Ist-Vergleich der Produktentwicklungsaufträge hinaus. Der Vergleich gibt die grundlegende Auskunft darüber, wie die Planwerte umgesetzt wurden, in welchen Bereichen besondere Datenungenauigkeit herrscht und in welchen Bereichen korrigierende Maßnahmen notwendig sind. Empfänger sind Geschäftsleitung und alle Fachabteilungen.

Gerät	Stoff Plan	Stoff Ist	%	Lohn Plan	Lohn Ist	%	Erlös Plan	Erlös Ist	%	Stückzahl Plan	Stückzahl Ist	%	Entwicklungskosten Plan	Entwicklungskosten Ist	%	Termin Monate
A 1	75,00	80,00	-7%	21,00	23,00	-10%	230,00	200,00	-13%	70000	60000	-14%	300000	450000	-50%	-2
A 2	80,00	90,00	-13%	22,00	25,00	-14%	280,00	290,00	+4%	30000	20000	-33%	200000	210000	-5%	-2
A 3	68,00	68,00	0%	16,00	14,00	+13%	180,00	170,00	-6%	100000	150000	+50%	100000	50000	+50%	-2
Summe A										200000	230000	+15%	600000	710000	-18%	
B 1	65,00	70,00	-8%	25,00	25,00	0%	150,00	180,00	+20%	130000	150000	+15%	800000	1200000	-50%	·

Abbildung 6: Produktentwicklungsaufträge: Plan-Ist-Vergleich

Von internen Daten kann eine größere Genauigkeit als von externen Daten erwartet werden; so sollten die Stoffkosten genauer prognostiziert werden können als beispielsweise die durchzusetzenden Erlöse bei einem neuen Erzeugnis.

Durch Sensitivitätsanalyse kann bestimmt werden, welche Parameter genau einzuhalten und zu verfolgen sind: Betragen beispielsweise die Entwicklungskosten 5 Prozent vom Umsatz, so ist eine Überschreitung der Entwicklungskosten um 10 Prozent eher zu tolerieren als eine zehnprozentige Überschreitung der Stoffkosten, wenn deren Anteil an den Gesamtkosten 40 Prozent beträgt.

Noch kritischer können Terminüberschreitungen sein. Bei dem einleitend genannten Beispiel der Unterhaltungselektronik kann eine Terminverzögerung um 2 Monate bedeuten, daß ein altes Erzeugnis, dessen Preis pro Jahr mehr als 10 % verfallen kann und entsprechend schlechte Ergebnisse aufweist, 2 Monate länger verkauft werden muß. Folglich müssen in einer solchen Situation die Termine besonders kritisch verfolgt werden.

Wegen der grundsätzlichen Erkenntnisse ist es ausreichend, wenn ein derartiger Bericht einmal im Jahr erscheint.

5   Zusammenfassung

Die Ausführungen verdeutlichen, daß es beim Controlling von Entwicklungsprojekten darauf ankommt, ein Berichtswesen aufzubauen, das kritische Abweichungen zwangsläufig zu Tage treten läßt, wobei nicht nur die reinen Entwicklungskosten und Termine verfolgt werden müssen, sondern auch die grundsätzlichen Ziele, die mit der Entwicklung erreicht werden sollen, wie Stückzahlen und Ergebnisse.

Literaturverzeichnis

Jacob, H.:
    Anwendung der Netzplantechnik im Betrieb. In: SzU, Band 9, Hrsg.: H. Jacob u. a. Wiesbaden 1969.
Scheer, A.-W.:
    Projektsteuerung, Wiesbaden 1978
Scheer, A.-W.:
    EDV-orientierte Betriebswirtschaftslehre. 4. Aufl., Berlin et al. 1990.

Der Einfluß der Client-Server-Architektur auf kaufmännische Anwendungssysteme

Von Dr. h. c. Hasso Plattner, Walldorf

Inhaltsübersicht

1   Einleitung

Die Bedeutung umfassender betriebswirtschaftlicher Anwendungen in einem Unternehmen ist heute völlig unbestritten. Die Datenverarbeitung ist zu einem der wesentlichen Elemente der Unternehmensstruktur und damit der Wettbewerbsfähigkeit geworden.

Doch trotz großer Aufwendungen und sichtbarer Erfolge besteht bei vielen Anwendern immer noch oder sogar zunehmend ein Unbehagen. Da ist z. B. die Frage nach der Integration. Wie weit soll sie getrieben werden, und welche Komplexität ist noch beherrschbar?

Immer wieder wird nach der Verteilung von Anwendungen und Daten gerufen, ohne aber die errungene Integration aufgeben zu wollen. Die in großer Vielzahl angebotenen CASE-Tools sollen helfen, komplexe Anwendungen schneller zu erstellen, bereiten aber Performanceprobleme. Die PC-Welt setzt immer neue Maßstäbe in der Benutzerführung, die klassischen Mehrbenutzeranwendungen dagegen treten auf der Stelle. Viele mit großer Mühe erstellte Anwendungsfunktionen werden kaum genutzt, weil der Bedienungsaufwand zu hoch ist oder ihre Existenz schlichtweg unbekannt ist. Insbesondere bei Standardsoftware hört man immer häufiger die Klage über wachsende Komplexität und damit verbundene erhöhte Aufwendungen für Schulung und Wartung. Fragen dieser Art könnten in endloser Folge gestellt werden, und man kommt zwangsläufig an den Punkt, wo die Frage nach dem richtigen Weg zu stellen ist. Was hindert uns eigentlich daran, perfekte kaufmännische Anwendungen zu bauen? Ich wage darauf eine polemische Antwort zu geben: der Computer.

2   Die Begrenzung durch den Computer

Der Computer ist teuer, also müssen wir sparsam mit ihm umgehen, insbesondere wenn mehrere Anwender gleichzeitig bedient werden sollen. Der Verbrauch an Rechenzeit wird demnach sorgfältig überwacht und mittels Kostenverrechnung dem Anwender belastet.

Wer den Computer intensiver nutzt, muß mehr bezahlen. Dies schafft keine besonders benutzerfreundlichen Anwendungen, sondern Kompromißlösungen. Das zweite große Problem, das wir als Anwender eines Mehrbenutzersystems erfahren, ist die oftmals unerträgliche Antwortzeit. Sie ist ein ständiges Ärgernis. Unter der Last der vielen Anwender wird selbst der schnellste Computer zu einem Engpaß, und noch so ausgefeilte Prioritätssteuerungen können eine knappe Ressource nur sozialisieren, nicht aber ihre Leistung steigern (Sozialisierung des Engpasses). Die Antwortzeit setzt sich zusammen aus der Rechenzeit für die Anwendung inklusive der Präsentation und der Rechenzeit für die Datenbeschaffung sowie der Wartezeiten bei der Datenbeschaffung. Da durch geeignete Pufferung die Wartezeiten bei der Datenbeschaffung erheblich gekürzt werden können, sind Rechengeschwindigkeit und Speichergröße direkte Einflußgrößen auf die Antwortzeit. Wollen wir unseren Anwendungen eine neue Qualität geben und die sie begleitenden Aufwendungen für Implementierung, Schulung und Wartung begrenzen, müssen wir den Rechner in einem wesentlich höheren Maße in Anspruch nehmen dürfen. Die Anwendungen sind dann nicht mehr zu beschränken auf eine kostengünstige Lösung für Massenprobleme, sondern sie werden als Problemlösungen für ein breiteres Publikum ausgelegt. Die Anwendungen im Ingenieursbereich haben die Forderung nach mehr Ressourcen längst in die Tat umgesetzt. CAD-Systeme benötigen eine bestimmte Rechenleistung und entsprechenden Speicherplatz im Rechner, und dieser wird ohne viel Diskussion bereitgestellt. Schauen wir uns in diesem Bereich die Entwicklung der letzten Jahre genauer an, dann fällt uns der eindeutige Trend zum Arbeitsplatzrechner auf. Die Rechenleistung von Spitzensystemen für den CAD-Bereich (Einplatzsysteme) übertrifft heute schon diejenige mancher großer Mehrbenutzersysteme.

Gleichzeitig wird deutlich, daß zentrale Ablagen eine organisatorische Notwendigkeit darstellen. Es ergibt sich zwangsläufig ein System, wie es unter dem Begriff Client-Server-Konzept bekannt geworden ist.

3   Der persönliche Computer

Viele Systeme unserer industrialisierten Welt sind so teuer, daß sie gemeinsam genutzt werden müssen. Da nicht alle Beteiligten zu einem Zeitpunkt das gleiche machen, ist in der Regel auch ein brauchbarer Mechanismus zu finden, wie die vorhandenen Ressourcen auf die aktiven Teilnehmer aufgeteilt werden. Ein gutes Beispiel hierfür sind Telekommunikationssysteme. Nehmen wir zum Beispiel das Telefon. Ist das Netz nicht überlastet, haben wir doch den Eindruck, der Besitzer eines persönlichen Telefonnetzes zu sein, über das mit der ganzen Welt kommuniziert werden kann. Ist das Netz dagegen überlastet, wird die Benutzung des Telefons zur Qual.

Die Zahl der im statistischen Mittel aktiven Teilnehmer muß also mit der Netzkapazität abgestimmt sein. Die mittlere Gesprächsdauer wird ermittelt und die Übertragugsbandbreite festgelegt. Auf diese Weise läßt sich die Netzkapazität ermitteln. Weil dieses Verfahren seit langem erprobt ist, wurde es auch auf die Mehrbenutzersysteme unserer rechnergestützten Anwendungen übertragen. Mit einem wichtigen Unterschied allerdings: Während der Benutzer eines Telefons zwar auf den Verbindungsaufbau unter Umständen warten muß, dann aber seinen normalen Sprachkanal zur Verfügung hat, erfährt der Benutzer eines Mehrplatzsystems auf einem Rechner ständig schwankende Antwortzeiten. Die einem Benutzer zur Verfügung gestellte Rechnerleistung variiert ganz erheblich. Das hat dazu geführt, daß Dialoge im Telegrammstil und nicht in bequemer Prosa, vielleicht mit Wiederholungen angereichert, geführt werden. Die nicht zur Verfügung gestellte persönliche Rechnerzeit hat uns alle gezwungen, die kaufmännischen Anwendungen in eine bestimmte Richtung zu entwickeln. Selbstverständlich haben die Systementwickler von diesem Umstand gewußt und immer wieder neue Konzepte zur Prioritätssteuerung erfunden, letztlich haben sie aber nur eine knappe Ressource zu sozialisieren versucht.

Noch einmal zurück zum Vergleich mit dem Telefon: Untersuchen wir doch einmal die Bandbreite, die ein aktiver Benutzer einer kaufmännischen Anwendung benötigt, um bequem mit dem System kommunizieren zu können. Diese Bandbreite muß ihm dann aber auch uneingeschränkt und ohne jegliche Unterbrechung zur Verfügung gestellt werden.

Für Anwendungen neuer Art mit graphischer Oberfläche, Arbeitsplatzorientierung, automatischen Analyse- und Konfigurationshilfen, ständig abrufbereiter Dokumentation bzw. Tutorials benötigen wir eine Rechenleistung, die weit über dem heutigen 386-PC liegt.

Die Bandbreite des Telefonkanals reicht auch nicht aus, um Musik in Hifi-Qualität oder gar bewegte Bilder zu übertragen. Einen betriebswirtschaftlichen Nutzen von neuen Techniken können wir nur erwarten, wenn sie in guter Qualität zur Verfügung stehen. Eine Maus, die nur ruckweise sich fortbewegen läßt, oder ein Pulldown-Menue, das mit der Geschwindigkeit einer Fensterjalousie herunterklappt, ist genauso nervenaufreibend wie die Übertragung eines Fußballspiels, bei dem die Bilder ständig stehenbleiben.

Wie immer man Leistungsgrößen mißt und vergleicht, als Anhaltspunkt für den kaufmännischen Arbeitsplatz benötigen wir etwa 25 % der Leistung eines graphischen Arbeitsplatzes im CAD-Bereich. Berücksichtigt man die Zahl der gleichzeitig aktiven Benutzer, kommt man schon bei 100 Benutzern auf Systeme mit 500 - 1000 MIPS nur für die Dialoganwendungen. Diese einfache Abschätzung zeigt die Grenzen klassischer OLTP-Konzepte. OLTP-Systeme mit verteilter graphischer Oberfläche auf dem PC verbessern die Anwendung an der Oberfläche, verschieben aber nur den kritischen Punkt auf der Zeitachse.

Die logisch richtige Lösung ist die permanente oder temporäre Zuordnung eines Rechners mit entsprechender Speicherkapazität pro Anwender. Gemeinsame Objekte wie Metadaten, Programme, Anwendungsdaten, Nachrichten etc. müssen selbstverständlich auf einem oder mehreren allgemein zugänglichen Servern verwaltet werden. Wie diese Client-Server-Architektur für Mehrbenutzersysteme (CSTP - Client Server Transaction Processing) technisch realisiert wird, ist dabei noch völlig offen.

4   Konzepte für CSTP-Systeme

Eine naheliegende Idee ist natürlich die Simulation eines CSTP-Systems auf einem schnellen Zentralrechner. Solange die Auslastung gering bleibt, wird dies tatsächlich möglich sein. Es widerspricht aber unserem allgemeinen Empfinden für Wirtschaftlichkeit, einen großen und damit teueren Zentralrechner nur zum Bruchteil auszulasten.

Wir werden ganz schnell wieder dazu neigen, mit Hilfe von Steuerungsmethoden Rechner und Hauptspeicher möglichst optimal auszulasten. Diese Optimierung ist falsch. Wir müssen im Gegenteil jedem Anwender für die Dauer seiner Zuschaltung einen Kanal mit fester Bandbreite zur Verfügung stellen, d. h. eine bestimmte CPU-Leistung ständig bereithalten. Die CPU-Leistung muß den maximalen, keineswegs nur den durchschnittlichen Anforderungen für die graphische Oberfläche und der erheblich komplexeren Programmlogik entsprechen. Das Timesharingkonzept muß von der Transaktionsschrittebene auf die Sessionebene transponiert werden. Die Lösung auf dem Zentralrechner ist nur eine Übergangslösung. Temporär können weitere Benutzer auf einfache Weise zugeschaltet werden. Die Grenzen dieser Lösung und die hohen Kosten sind aber offensichtlich.

Die dramatische Preissenkung im Workstationbereich und die Installation schnellerer Netze läßt eine andere Lösung vorteilhafter erscheinen. Um einen zentralen Server werden Anwendungsrechner gruppiert. Die Verbindung wird über ein schnelles LAN hergestellt. Die Anwendungsrechner sind logisch völlig abhängig vom Server, d. h. sie haben keine autonomen Datenbestände, Programme etc. Sämtliche Versorgung erfolgt über den Server. Es bleibt also zunächst einmal bei einem rein zentralistischen Konzept.

Dem Benutzer wird ein Anwendungsrechner persönlich zugeordnet, und die gesamte Anwendung mit Ausnahme der Datenbankzugriffe läuft auf diesem Rechner. Dem Benutzer wird eine kalkulierbare und stets präsente Rechnerleistung zur Verfügung gestellt. Daraus ergeben sich einige zum Teil dramatische Verschiebungen für die Optimierung des Gesamtsystems und der Entwicklungskosten.

Während auf einem Zentralrechner alle Anwendungskomponenten, und zwar in Rangfolge ihres Anteils an der Gesamtlast, optimiert werden müssen, braucht in einem Konzept mit persönlichen Anwendungsrechnern nur der Spitzenbedarf abgestimmt zu werden. Das heißt andererseits, daß Routinefunktionen, die zwar häufig ablaufen, aber den Rechner kaum belasten, nicht wie bisher optimiert werden müssen. So muß die Zeit für das Blättern in einer Liste keineswegs auf 10 ms gedrückt werden, wenn der Benutzer schon mit 100 ms mehr als zufrieden ist. Wichtiger dagegen ist die Optimierung in Richtung Robustheit, leichte Erweiterbarkeit, Wiederverwendbarkeit etc. Aber es bleibt auch bei diesem Konzept der Engpaß der Datenbeschaffung. Alle Datenbankzugriffe müssen zunächst einmal über das Netz abgewickelt werden, und das bedeutet zusätzliche Laufzeit. Der zentrale Datenbankserver muß also auf die parallele Abwicklung von Datenbankrequests und minimale Suchzeit eingestellt werden. Die wichtigste Voraussetzung dafür ist ein großer Hauptspeicher. Ein Abbildungsverhältnis von 1:10 zwischen Hauptspeicher und aktiver Datenbank wäre durchaus erstrebenswert. Schaltet man den Server nicht mehr ab, bleiben vielleicht 80-90 % aller benötigten Daten im Hauptspeicher resident.

Alle Datenbankveränderungen erfolgen asynchron und ihrerseits beschleunigt durch einen Read/Write-Cache. Da kaum Speicher für Anwendungsprogramme und Benutzerarbeitsbereiche benötigt wird, fällt die Konfiguration eines solchen Servers leicht. Vorzugsweise sollte der Datenbankserver ein Multiprozessorsystem sein.

Um den Verkehr auf dem Netz nicht zum Bremsfaktor werden zu lassen, muß das Netz entsprechende Kapazität haben, oder es wird wieder der Weg der Parallelität gegangen, d. h. mehrere LAN's verbinden die Arbeitsplatzrechner mit dem Server.

Eine zusätzliche Maßnahme scheint aber nötig: Der Anwenderdaten-Cache. Darunter verstehe ich lokale Speicher auf dem persönlichen Anwendungsrechner. Eine Größenordnung von 16 MB pro Benutzer ist nicht utopisch, sondern eher bescheiden. Die Verwaltung der lokalen Speicher erfolgt vollautomatisch. Zwei Verfahren bieten sich an; die Speicherung einer kompletten Tabelle oder zeilenweise Pufferung nach einem LRU (least recently used) Verfahren. Die Synchronisation der redundanten Kopien übernimmt der Server. Geänderte Zeilen werden über Broadcasting mitgeteilt und aus den lokalen Speichern entfernt.

Die überwiegende Zahl der Benutzeraktionen erfordert keinen Zugriff über das Netz auf den Server. Dies gilt insbesondere für die Komfort-Komponenten.

Die bisherigen Ausführungen betrachteten nur die Dialoganwendungen, genauer gesagt die Dialogphase von Geschäftsvorfällen. Aus vielen technischen Gründen erscheint es zweckmäßig, die Fortschreibung der zentralen Datenbanken nicht über das Netz vorzunehmen, sondern das Ergebnis eines Dialoges, also z. B. einen neuen Kundenauftrag oder die Terminverschiebung einer Lieferantenbestellung, als Nachricht zusammenzufassen und an ein zentrales Fortschreibungsmodul zu senden. Dieses Fortschreibungsmodul arbeitet asynchron, interpretiert selbständig die eingehenden Nachrichten und ordnet sie den entsprechenden Fortschreibungsprozeduren zu. Dieser objektorientierte Ansatz hat sich seit langem bewährt und erfährt nun in einer CSTP-Konzeption seine Bestätigung. Die Fortsetzung dieser Argumentation führt sofort dazu, daß auch Batch-Programme und langlaufende Transaktionen ohne Benutzerinteraktion bevorzugt auf dem Server ablaufen sollten.

Als letzten Punkt möchte ich noch den Begriff Cooperative Processing in einem erweiterten Sinn interpretieren. Der erste Gedanke war doch, bestimmte Teile einer zentral ablaufenden Anwendung auf einen schnellen, persönlichen Rechner auszulagern. Aus der Sicht der klassischen OLTP-Anwendungen war dieser Schritt naheliegend. Die Client-Server-Architektur geht weiter. Bei nahezu jedem aufgerufenen Service kann der Rechner gewechselt werden. Auch bei CSTP-Systemen gibt es Phasen der Anwendung, die bevorzugt auf dem Datenbankrechner ablaufen sollten. Der Check-in/Check-out von komplexen Datenobjekten ist ein Beispiel für eine solche Phase. Die Programmarchitektur muß es ermöglichen, beliebige Anwendungsfunktionen als Service zu definieren, der an einem beliebigen Ort im Netz abgewickelt wird.

5 Homogene CSTP-Systeme

Ein derartig aufgebautes CSTP-System unterscheidet sich verwaltungsmäßig kaum von einem reinen Zentralsystem. Alle Bibliotheken für Programme, Masken und Texte liegen zentral. Die Arbeitsplatzrechner bauen ihre benötigte Programmkonfiguration dynamisch auf Anforderung auf. Auch die Konfiguration der Arbeitsspeicher und Datencaches ist durch zentral abgelegte Profiles definiert. Allerdings wird hierbei vorausgesetzt, daß alle beteiligten Rechner binärkompatibel sind und dasselbe Betriebssystem fahren. In PC-Netzen und UNIX-Netzen kann diese Bedingung leicht erfüllt werden. Homogene CSTP-Systeme lassen sich deshalb besonders gut mit Systemfamilien aufbauen, die ein weites Leistungsspektrum mit identischer Rechnerarchitektur abdecken.

6 Heterogene CSTP-Systeme

Selbstverständlich ist ein solches CSTP-Konzept auch in heterogenen Netzen denkbar. Die zwangsläufig parallel vorhandene Software stellt aber ein erhebliches Problem dar, weniger bei der Erstellung, bei der Generatoren helfen könnten, sondern im Synchronisationsaufwand. Vorteilhaft ist hier der Ansatz einer portablen 4. GL. Nur der Nukleus des Anwendungssystems, der Interpreter mit seinen Systemschnittstellen zum Betriebssystem, zur Datenbank, zur Kommunikation und zur Präsentation muß pro Rechnertyp vorgehalten werden, alle darauf aufbauenden Teile wie Data Dictionary, Anwendungs-Entwicklungswerkzeuge, Metadaten, Datenstrukturen, Programme und Masken sind entkoppelt von der Rechnerarchitektur und können lademodulkompatibel über das Netz ausgetauscht werden. Diese Konfiguration hat zugegebenermaßen etwas weniger Eleganz, aber auf der anderen Seite praktische Vorteile.

Denken wir nur an die vielen OLTP-Systeme, die heute auf Zentralrechnern bestehen. Eine Migration zum CSTP-Konzept kann durchaus durch die Verwendung des bestehenden Zentralrechners als Server unterstützt werden. Viele Verfahren und Erfahrungen für die Abwicklung und Verwaltung großer Datenbestände und umfangreicher Batch-Programme könnten direkt übernommen werden. Auch der Zugriff auf gemeinsame Datenbestände ist leicht vorstellbar.

7 Die Abspaltung der Präsentation

Der Arbeitsplatzrechner selbst ist fähig, mehrere Benutzer zu bedienen. Ob ein besonders aktiver Benutzer in mehreren Windows parallel arbeitet oder mehrere Benutzer in jeweils einem, ist, was die Systemsteuerung angeht, fast zu vernachlässigen. Es macht Sinn, den Arbeitsplatzrechner leistungsfähiger auszustatten und mehrere Benutzer, z.B. eine Arbeitsgruppe, ein Büro etc. auf ihm zusammenzufassen. Dann allerdings muß die graphische Präsentation noch einmal ausgelagert werden, denn die graphische Oberfläche erfordert umfangreichen Programmcode und Arbeitsspeicher.

Wir kommen somit zu einem dreistufigen Rechnerkonzept. Der Präsentationsrechner ist dann auch für die individuelle Informationsverarbeitung zu nutzen. Die Frage, welche Konfiguration vorteilhaft ist, hängt von der Art der Anwendung und den zumutbaren Kosten für die Hard- und Software ab.

8 Prognose

Wir stehen am Beginn eines Umbruchs, der nur mit der Einführung der Bildschirme Anfang der 70er Jahre und dem damit verbundenen Aussterben der Lochkarte vergleichbar ist. Viele Konzepte der Vergangenheit: Vorrechner, intelligente Terminals, Netzwerke, Graphik, Objektorientierung, münden ein in ein neues Konzept, das den Benutzer in den Mittelpunkt stellt. Er wird geradezu umworben, ein gänzlich neuer Arbeitsstil wird ihm angeboten. Es wird einen Qualitätssprung geben, von dem die Protagonisten der Informationssysteme immer geträumt haben: die Nutzung der Informationssysteme durch jedermann. Integration ist nicht mehr ein Ziel, sondern eine Voraussetzung. Die graphische Oberfläche ist ein Muß und ein Weg ohne Umkehr. So wie der Teletypewriter neben dem Bildschirm keinen Platz mehr hatte, wird das Character-Terminal bald nur noch in Nischen seine Anwendung finden. Der Sprung vom Notebook oder Laptop zum Character-Terminal wird bald als unzumutbar empfunden werden.

Der Aufbau eines CSTP-Systems bedeutet keineswegs zwangsläufig ein Downsizing. Im Gegenteil, es wird eine Motivation zu erhöhten Investitionen geben. Nicht Rationalisierung, sondern Qualitätsverbesserung ist hier die Triebfeder.

Die Aussichten sind großartig, hoffentlich werden sie nicht durch Religionskriege getrübt.

Effizientes Informationsmanagement - die Herausforderung von Gegenwart und Zukunft

Von Dr. Reinhard Brombacher, Saarbrücken

1   Merkmale heutiger DV-Landschaften

Die derzeitige Situation in den DV-Bereichen vieler Unternehmen läßt sich durch folgende Aussagen treffend charakterisieren:

-    Die durch die verschiedenen Aufgabenträger zu erledigenden Aufgaben werden weder als Einzelaufgabe noch als durchgängiger Geschäftsprozeß durch die zur Verfügung stehenden DV-Anwendungssysteme in ausreichender Weise unterstützt. Diese unbefriedigende Situation läßt sich i. w. auf drei Ursachen zurückführen:

     1.   Die für die jeweilige Aufgabenerledigung benötigten Informationen stehen im DV-System nicht zur Verfügung, weil die betriebswirtschaftlich relevante Realität in den Datenstrukturen der DV-Systeme nicht abgebildet werden kann.
     2.   Für zu erledigende betriebswirtschaftliche Aufgaben stehen im DV-System keine DV-Funktionen als Pendant gegenüber.
     3.   Die aufeinanderfolgenden Funktionen eines Geschäftsprozesses sind über mehrere DV-Systeme verteilt.

-    Die drei genannten Ursachen führen dazu, daß häufig ein Wechsel zwischen DV-gestützter und manueller Aufgabenerledigung stattfindet, mit den Folgen langer Durchlaufzeiten und der Mehrfacherfassung identischer Informationen.

-    Darüber hinaus bedingt die Verteilung miteinander in Zusammenhang stehender Funktionen auf verschiedene Anwendungssysteme die bekannten Probleme redundanter, inaktueller und inkonsistenter Datenbestände. Die im Nachhinein oftmals nur mangelhaft mögliche Verbindung von zunächst isoliert entwickelten Anwendungssystemen führt zu komplizierten Schnittstellen mit hohem Wartungs- und Pflegeaufwand.

-    Zu den hohen Wartungskosten trägt auch eine mangelnde Dokumentation bei.

-    Eine unzureichende Beschreibung zukünftiger Sollzustände in funktionaler, organisatorischer und datenmäßiger Hinsicht führt zu langen Einführungszeiten und unzureichender Nutzung von DV-Anwendungssystemen.

-    Die DV-technische Basis der DV-Anwendungssysteme ist oftmals durch heterogene Rechner, Betriebs- und Datenbanksysteme, Netze und erforderlicher Netzsoftware sowie durch verschiedene Entwicklungsumgebungen mit der daraus resultierenden Unverträglichkeit gekennzeichnet.

Eine Beseitigung dieser Mißstände und ein an den Unternehmenszielen orientierter und wirtschaftlicher Einsatz von DV-Systemen stellt eine Herausforderung dar, die weit über die Entwicklung und Einführung einzelner Anwendungssysteme hinausgeht. Dieser Herausforderung gilt es durch ein durchgängiges Informationsmanagement zu begegnen. Es umfaßt alle Aufgaben einer integrativen Planung, Definition, Entwicklung und Einführung von DV-Systemen und den dafür erforderlichen Ressourcen.

2 Zum Begriff des Informationsmanagements

Der Begriff des Informationsmanagements leitet sich ab aus dem im Jahre 1980 in dem USA formulierten "Paperwork reduction act", in dem das "Information research management" für die amerikanischen Verwaltungen verbindlich vorgeschrieben wurde[1].

Erste Veröffentlichungen mit dem Begriff "Informationsmanagement" erscheinen im deutschsprachigen Raum zu Beginn der 80er Jahre. Bisher hat sich jedoch weder in Theorie noch in Praxis eine einheitliche Auffassung dahingehend durchgesetzt, was unter Informationsmanagement und den damit verbundenen Aufgaben zu verstehen ist.

An dieser Stelle wird der Begriff des Informationsmanagements in der Weise verstanden, daß er alle Tätigkeiten umfaßt, die die Planung, Steuerung, Durchführung und Kontrolle der Informationsverarbeitung für die Unternehmung zum Ziel haben. Dabei spielt es keine Rolle, ob die Verarbeitung der Informationen mit oder ohne DV-Unterstützung erfolgt. Um eine Integration der Informationsverarbeitung zu erreichen, ist eine umfassende und ganzheitliche Betrachtung erforderlich. Entsprechend dem vorliegenden Begriffsverständnis des Informationsmanagements leiten sich vielfältige Aufgaben für dessen Umsetzung ab.

3 Aufgaben des Informationsmanagements

Genau so wenig, wie sich bisher eine einheitliche Definition für den Begriff des Informationsmanagements durchgesetzt hat, genau so wenig gibt es ein fest umrissenes und klares Aufgabengebiet für das Informationsmanagement. Schwerpunkte des Informationsmanagements werden mit unterschiedlicher Gewichtung gesehen:

- bei der Bereitstellung spezieller Informations- und Kommunikationstechnologien, z. B. Rechner, Datenbanksysteme, Netze oder Softwareentwicklungsumgebungen,
- in der Sicherstellung der Nutzung der (neuen) Informations- und Kommunikationstechnologien, z. B. der Kommunikationsdienste der DBP Telekom oder von Online-Datenbanken,
- in organisatorischen und personellen Aspekten im Zusammenhang mit der Nutzung von Informations- und Kommunikationstechnologien,
- in der Betrachtung der "Information" als Produktionsfaktor,
- in der Unterstützung des Entwicklungsprozesses von Anwendungssoftware und den erforderlichen Methoden des Software-Engineerings
- oder in der Automatisierung der Büroarbeit.

Bereits die Aufzählung dieser Aspekte verdeutlicht, daß es sich bei dem Aufgabengebiet des Informationsmanagements um ein sehr heterogenes Feld handelt. Aus diesem Grund ist es erforderlich, eine Systematisierung der Aufgaben des Informationsmanagements vorzunehmen.

---

1   vgl. Finke, W. F.: Informationsmanagement in Organisationen. Zeitschrift Führung und Organisation, Jg. 56 (1987), S. 360-368.

Bei einer objektorientierten Betrachtung kann eine Klassifizierung der Aufgaben im Hinblick auf folgende Elemente eines (umfassenden) Informationssystems erfolgen:

- Anwendungssoftware,
- Betriebssysteme und betriebssystemnahe Software,
- Rechner und zugehörige Peripherie,
- Netze und dazugehörige Hard- und Software,
- Organisation und Personal,
- Methoden und (Case-) Tools,
- Kommunikationsdienste und
- externe Informationsquellen.

Erfolgt eine Klassifizierung der Aufgaben des Informationsmanagements nach deren zeitlichen Charakter und deren Tragweite, lassen sich strategische, taktische und operative Aufgaben des Informationsmanagements unterscheiden. Strategische Aufgaben sind mit grundlegenden Entscheidungen verbunden, die das Unternehmen auf lange Zeit festlegen. Taktische Aufgaben haben mittelfristigen Charakter. Sie haben sich an den strategischen Entscheidungen auszurichten. Die Erledigung des "Alltagsgeschäftes" erfolgt im wesentlichen durch operative Aufgaben.

Folgende Aspekte machen eine übergeordnete, strategische Planung mit langfristigem Charakter erforderlich:

- die zunehmende Bedeutung der Information als Produktionsfaktor,
- die hohen Kosten des DV-Einsatzes mit stark steigender Tendenz,
- der hohe Anteil der Kosten für Wartung und Pflege,
- die hohe Anzahl und starke Heterogenität der relevanten Größen (fachliche Anforderungen, Rechner, Betriebssysteme, Kommunikationsdienste, Entwicklungswerkzeuge usw.),
- die starken Interdependenzen zwischen den verschiedenen Größen bzw. Entscheidungsvariablen,
- der starke technologische Wandel,
- die Unverträglichkeit vieler Komponenten und
- die Tatsache, daß ein Informations- und Kommunikationssystem als ein sozio-technisches System angesehen werden muß, bestehend aus den Komponenten Mensch, Organisation, Aufgabe und den eingesetzten Techniken[2].

3.1 Strategische Aufgaben des Informationsmanagements

Daß Informationen für einen effizienten Leistungserstellungsprozeß innerhalb des Unternehmens und über Unternehmen hinweg einen wichtigen Produktionsfaktor darstellen, wird allgemein anerkannt. Daraus abzuleiten ist, daß er wie die anderen Produktionsfaktoren nach dem Prinzip der Wirtschaftlichkeit einzusetzen ist. Um diesem Gebot zu folgen, ist eine gezielte Planung und Steuerung der Bereitstellung und Nutzung der Information und aller damit im Zusammenhang stehenden Ressourcen erforderlich.

---

2   vgl. Brombacher, R.: Entscheidungsunterstützungssysteme für das Marketing-Management. Berlin u. a. 1988, S. 190.

Hieraus leiten sich die folgenden Aufgaben der strategischen Informationssystemplanung ab:

- **Einbindung der strategischen Informationssystemplanung in die strategische Unternehmensplanung**
Der Nutzen- bzw. Zielbetrag des DV-Einsatzes ist in einer möglichst durchgängigen Unterstützung der im Unternehmen anfallenden Aufgaben anzusehen, wobei die möglichst effiziente Erledigung dieser Aufgaben eine Realisierung der (übergeordneten) Unternehmensziele ermöglichen soll. Aufgrund bestehender Wirkungszusammenhänge ist somit eine Abstimmung der strategischen Informationssystemplanung mit der strategischen Unternehmensplanung erforderlich. Diese Abstimmung muß sicherstellen, daß die DV-Anwendungssysteme die Aufgaben bzw. Funktionsbereiche unterstützen, die den entscheidenden Beitrag zur Erreichung der (übergeordneten) Unternehmensziele leisten.
Bezüglich des Wirkungszusammenhanges ist hervorzuheben, daß die strategische Informationssystemplanung einerseits auf den Ergebnissen der strategischen Unternehmensplanung aufbauen muß, andererseits von den Möglichkeiten der Informationstechnologie auch Rückwirkungen auf die strategische Unternehmensplanung ausgehen können. D. h., es bestehen wechselseitige Abhängigkeiten zwischen den beiden Aufgabenbereichen. Krcmar spricht im ersten Fall von der Anpassung des Informationssystems an die Unternehmensstrategie und im zweiten von der Beeinflußung der Unternehmensstrategie durch die Informationstechnologie[3].

- **Ermittlung der strategierelevanten Nutzenpotentiale**
Damit eine richtige Priorisierung im Hinblick auf die zukünftig zu realisierenden Informationssysteme erfolgen kann, müssen die strategierelevanten Nutzenpotentiale des DV-Einsatzes ermittelt werden. Im Hinblick auf den Schwerpunkt der Betrachtung lassen sich branchen-, produkt- bzw. prozeßorientierte Verfahren unterscheiden [4].
Mit Hilfe von branchenorientierten Modellen sollen Aussagen dahingehend gemacht werden, welche Strukturen bzw. Strukturveränderungen sich durch den Einfluß der Informationstechnologie ergeben und welche Zwänge bzw. Konsequenzen sich für ein Unternehmen daraus ableiten lassen[5]. Als Basismodell zur Analyse von Branchen wird häufig ein von Porter[6] entwickeltes Modell herangezogen[7].

---

3   vgl. Krcmar, H.: Innovationen durch Strategische Informationssysteme. In: Innovation und Wettbewerbsfähigkeit. Hrsg.: E. Dichtl, W. Gerke, A. Kieser. Wiesbaden 1987, S. 227-246, insbes. S. 234 f.

4   vgl. Neu, P.: Strategische Informationssystemplanung - Konzepte und Instrumente. Dissertation in Vorbereitung 1991, S. 122 ff.

5   vgl. Neu, P.: Strategische Informationssystemplanung - Konzepte und Instrumente. Dissertation in Vorbereitung 1991, S. 123.

6   vgl. Porter, M. E.: How Competitive Forces Shape Strategy. Harvard Business Review, 57(1979)2, S. 137-145.

7   vgl. Krcmar, H.: Innovationen durch Strategische Informationssysteme. In: Innovation und Wettbewerbsfähigkeit. Hrsg.: E. Dichtl, W. Gerke, A. Kieser. Wiesbaden 1987, S. 227-246, insbes. S. 236.

Durch den Einsatz produktorientierter Verfahren sollen strategierelevante Aussagen dahingehend gemacht werden, inwieweit sich das Produktspektrum des Unternehmens durch den Einfluß der Informationstechnologie verändern kann bzw. sollte[8].

Durch die prozeßorientierten Verfahren erfolgt eine Analyse der Aktivitäts- bzw. Aufgabenbereiche im Hinblick darauf, wie sie durch die Nutzung von Informations- und Kommunikationstechnologien strategische Wettbewerbsvorteile erlangen können[9]. Wie der Begriff schon erkennen läßt, werden die einzelnen Bereiche nicht in statischer Hinsicht betrachtet, sondern aus einer ablauforientierten Perspektive. Man spricht in diesem Zusammenhang auch von Wertschöpfungsketten[10] oder von Vorgangs- bzw. Prozeßketten[11].

Mögliche IS-Potentiale, die durch den Einsatz prozeßorientierter Verfahren erkannt werden können, sind zum Beispiel

- die Beschleunigung betrieblicher Abläufe (z. B. in der Produktentwicklung oder in der Herstellung von Produkten) oder
- Kostensenkungen durch Vermeidung von Einarbeitungs- und Mehrfacharbeiten.

Diese Potentiale lassen sich realisieren durch den Einsatz integrierter DV-Anwendungssysteme und/oder eine geeignete Gestaltung der organisatorischen Abläufe.

IS-Potentiale lassen sich jedoch nicht nur unternehmensintern realisieren. Vor allem durch DV-gestützte unternehmensübergreifende Vorgangsketten[12] lassen sich neben verkürzten Durchlaufzeiten und Kostensenkungen (Vermeidung unnötiger Datenerfassungen) strategische IS-Potentiale durch eine enge Anbindung von Kunden und Lieferanten realisieren.

Der Vorteil der prozeßorientierten Verfahren liegt darin, daß sie die Aufgabenbereiche bzw. Aufgaben in ihren inhaltlichen und zeitlichen Abhängigkeiten betrachten, da die IS-Potentiale der Informations- und Kommunikationstechnologien nicht allein in der Unterstützung einzelner Aufgaben bzw. Aufgabenbereiche zu sehen sind, sondern vor allem in der Unterstützung gesamthafter Wertschöpfungs- bzw. Prozeßketten.

Die Einsatz- und die Verwendungsmöglichkeiten der an dieser Stelle skizzierten Verfahren sind nicht als alternativ anzusehen, sie sind vielmehr als ein aufeinander abgestimmtes Methoden-Portfolio einzusetzen. Die Ergebnisse der branchenorientierten Analyse sind bei der produktorientierten Analyse zu berücksichtigen. Deren Ergebnisse wiederum können Ausgangspunkt prozeßorientierter Analysen sein.

---

8   vgl. Porter, M. E.; Millar, V. E.: Wettbewerbsvorteile durch Information. Harvard Manager 1986, Nr. 1, S. 26-35.

9   vgl. Neu, P.: Strategische Informationssystemplanung - Konzepte und Instrumente. Dissertation in Vorbereitung 1991, S.128.

10   vgl. Porter, M. E. u. Millar, V. E.: Wettbewerbsvorteile durch Information. Harvard Manager 1986, Nr. 1, S. 26-35, insbes. S. 27 f.

11   vgl. Scheer, A.-W. : EDV-orientierte Betriebswirtschaftslehre. 4. Aufl., Berlin u. a. 1990, S. 38 ff.

12   vgl. Scheer, A.-W., Kraemer, W.: Betriebsübergreifende Vorgangsketten und Informationssysteme. CIM-Management 5(1989)3, S. 4-9.

- **Definition der anwendungsbezogenen Anforderungen**
  Neben der Ermittlung der strategierelevanten Nutzenpotentiale müssen die anwendungsbezogenen Anforderungen definiert werden. Die fachlichen Anforderungen werden i. w. durch Daten-, Funktions-, Prozeß- und Organisationsmodelle und deren Verknüpfung beschrieben[13].
  Damit die Zielsetzung einer integrierten Informationsverarbeitung und damit eine durchgängige DV-Unterstützung aller Aufgaben realisiert werden kann, darf aus Sicht der strategischen Informationssystemplanung die Definition der fachlichen Anforderungen nicht bereichsbezogen vorgenommen werden. Sie muß vielmehr aus einer übergeordneten Sicht, d. h. unternehmensweit (bei konsequenter Betrachtung sogar unternehmensübergreifend) erfolgen.
  Dies bedeutet, daß im Rahmen der strategischen Informationssystemplanung die o. g. Modelle als unternehmensweite Modelle zu entwickeln und einzusetzen sind.

- **Definition der Anwendungsarchitektur**
  Aufbauend auf den o. g. Modellen ist die Anwendungsarchitektur festzulegen. D. h., unter Berücksichtigung (möglichst) aller bestehender Abhängigkeiten erfolgt eine Aufteilung der unternehmensumfassend definierten Anforderungen, also des Gesamtsystems, in einzelne Teilsysteme. Diese Teilsysteme sind in der Weise zu bilden, daß innerhalb eines Systems möglichst viele Beziehungen bestehen; die aus der Aufteilung resultierenden Schnittstellen zwischen den Teilsystemen sollten bezüglich Anzahl, Kompexität und im Hinblick auf die Aktualitätsanforderung möglichst gering sein. Diese Analyse stellt aus folgenden Gründen mit Sicherheit die schwierigste Aufgabe des Informationsmanagements dar:

  - es lassen sich keine Systeme ohne Beziehungen zu den Umsystemen bilden;
  - es bestehen sehr viele und verschiedenartige Beziehungen und Abhängigkeiten;
  - die relevanten Größen (Anforderungen in Form der o. g. Modelle) unterliegen im Zeitverlauf inhaltlichen Änderungen;
  - die Anforderungen lassen sich unter Beachtung wirtschaftlicher Aspekte nicht umfassend und exakt formulieren;
  - viele Größen sind mit Unsicherheit behaftet;
  - die bestehende Ist-Situation muß berücksichtigt werden.

- **Definition der DV-technischen Architektur**
  Aufbauend auf den fachlichen Anforderungen und den daraus resultierenden DV-technischen Anforderungen ist zum einen die grundlegende Rechnerarchitektur festzulegen. Hierbei gilt es festzulegen, ob z. B. Konzern-, Werks-, Abteilungs- oder Arbeitsplatzrechner eingesetzt werden sollen. Darüber hinaus sind die Typen der einzusetzenden Rechner und der dazugehörigen Komponenten auszuwählen. In Abstimmung damit ist auch die erforderliche Netzstruktur mit den einzusetzenden Komponenten zu definieren.
  Die Festlegung der Architektur und die Art der einzubeziehenden Komponenten an Rechnern, Betriebssystemen, Datenbanksystemen, Netzen usw. hat die Zielsetzung einer einheitlichen unternehmensweiten technischen DV-Infrastruktur und damit einer möglichst geringen Anzahl unterschiedlicher Arten von Komponenten.

---

13   vgl. hierzu die Ausführungen in Kapitel 4.

Dadurch soll die übergeordnete Zielsetzung möglichst geringer Kosten für die
Bereitstellung, Nutzung, Betreuung und Schulung erreicht werden.

-   **Definition von Realisierungs- bzw. Migrationsstrategien**
    Aufbauend auf

    -   den ermittelten Nutzenpotentialen,
    -   den anwendungsbezogenen Anforderungen,
    -   den DV-technischen Anforderungen,
    -   den DV-technischen Möglichkeiten,
    -   dem bestehenden DV-Einsatz

    muß das Informationsmanagement unter Beachtung aller bestehenden Abhängigkeiten
    und unter Beachtung der resultierenden Kosten einen Pfad aufzeigen, der einen
    Übergang vom heute unbefriedigenden Zustand auf den definierten Zielzustand
    ermöglicht. Es muß somit eine Realisierungs- bzw. Migrationsstrategie entwickelt
    werden.

Zum Abschluß dieses Abschnittes ist zu betonen, daß es sich bei der Erledigung dieser
Aufgabe nicht um eine einmalige Tätigkeit, sondern um einen permanenten Prozeß handelt.
Aus diesem Grund wird die Bestandsaufnahme oder die Ist-Analyse nicht gesondert
aufgenommen. Aufgabe des Informationsmanagements ist vielmehr eine permanente
Fortschreibung des Soll- und Ist-Zustandes im Hinblick auf den DV-Einsatz.

3.2   Taktische und operative Aufgaben des Informationsmanagements

Auf die taktischen und operativen Aufgaben des Informationsmanagements soll an
dieser Stelle nicht im Detail eingegangen werden. Wesentlich für diese Aufgaben ist jedoch,
daß sie abgestimmt mit der strategischen Informationssystemplanung erfolgen. Die
taktischen und operativen Aufgaben stellen letztendlich eine Detaillierung und Umsetzung
der strategischen Vorgaben dar.

In Anlehnung an die in der DV üblichen Phasenkonzepte lassen sich die taktischen und
operativen Aufgaben des Informationsmanagements in allgemeingültiger Form dahingehend
definieren, daß darunter alle Aufgaben zu verstehen sind, die mit

-   der Erstellung von (bereichbezogenen) Fachkonzepten,
-   der Auswahl und Bewertung vorhandener Software,
-   der Erstellung von DV-Konzepten,
-   der Realisierung/Programmierung von DV-Systemen,
-   der Einführung von DV-Systemen,
-   der Wartung/Pflege und Anpassung von DV-Systemen und
-   deren Betrieb im Zusammenhang stehen.

Weiterhin gehören zu den Aufgaben des Informationsmanagements die Aufgaben der
Bedarfsermittlung der für den DV-Einsatz erforderlichen Ressourcen technischer und
personeller Art sowie deren Beschaffung.

4 Informationsmodellierung - zentrale Aufgabe des Informationsmanagements

4.1 Einordnung der Informationsmodellierung

Das letztendliche Ziel des Informationsmanagements besteht in der Bereitstellung einer durchgängigen DV-Unterstützung der betrieblichen Aufgaben unter Berücksichtigung des Wirtschaftlichkeitsprinzips. D. h., die wesentliche Aufgabe des Informationsmanagements besteht in der Bereitstellung von Anwendungssoftware, die die Anforderungen der Anwender in optimaler Weise unterstützt. Damit der Bereitstellungsprozeß von Anwendungssoftware in effizienter Weise erfolgen kann, ist eine Rahmenarchitektur erforderlich, die ein Verständnis über die relevanten Zusammenhänge ermöglicht. Eine derartige Konzeption wurde von Scheer unter dem Begriff "ARIS-Architektur integrierter Informationssysteme" entwickelt[14].

Für die Entwicklung des ARIS-Modells wurde ein dreistufiges Phasenschema zugrundegelegt (vgl. Abbildung 1), dem auf der einen Seite die in den Anwendungssystemen abzubildende Realität und auf der anderen Seite die Informationstechnologie gegenübersteht.

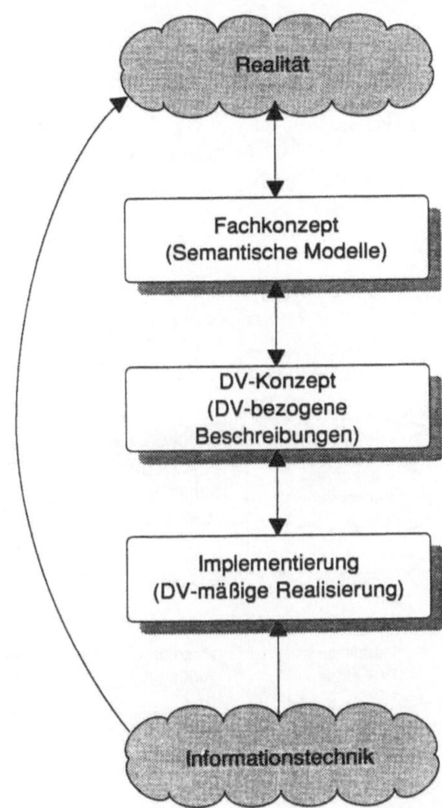

Abbildung 1: Phasenmodell

---

14   vgl. Scheer, A.-W.: Architektur integrierter Informationssysteme. Berlin u. a. 1991.

Die Realität wird durch Anwendung von Methoden in strukturierter Weise fachlich vollständig beschrieben. Man spricht deshalb in diesem Zusammenhang auch von semantischen Modellen. Diese Modelle stellen die Fachkonzepte für den ausgewählten Realitätsausschnitt dar.

Unter Berücksichtigung gegebener DV-technischer Abbildungsmöglichkeiten erfolgt in einer nächsten Phase eine Überführung des Fachkonzeptes in ein DV-Konzept und anschließend eine DV-mäßige Realisierung mit Hilfe der zur Verfügung stehenden Informationstechnik. Die eingesetzte Informationstechnik kann ihrerseits auch zu veränderten Planungstechniken oder organisatorischen Abläufen führen und damit die zu beschreibende Realität verändern. Dieser Sachverhalt wird in Abbildung 1 durch den Pfeil von der Informationstechnik auf die (abzubildende) Realität dargestellt.

Die wesentlichen Elemente für die Beschreibung von Informationssystemen sind auf der fachlichen Ebene Daten/Informationen, Funktionen/Geschäftsprozesse, Organisationseinheiten und deren Zusammenhänge, sowie die benötigten DV-Ressourcen. Weitere Elemente entstehen aus der Transformation der Fachkonzepte in DV-Konzepte und durch deren Realisierung. In vereinfachter Form werden die genannten Zusammenhänge in Abbildung 2 dargestellt.

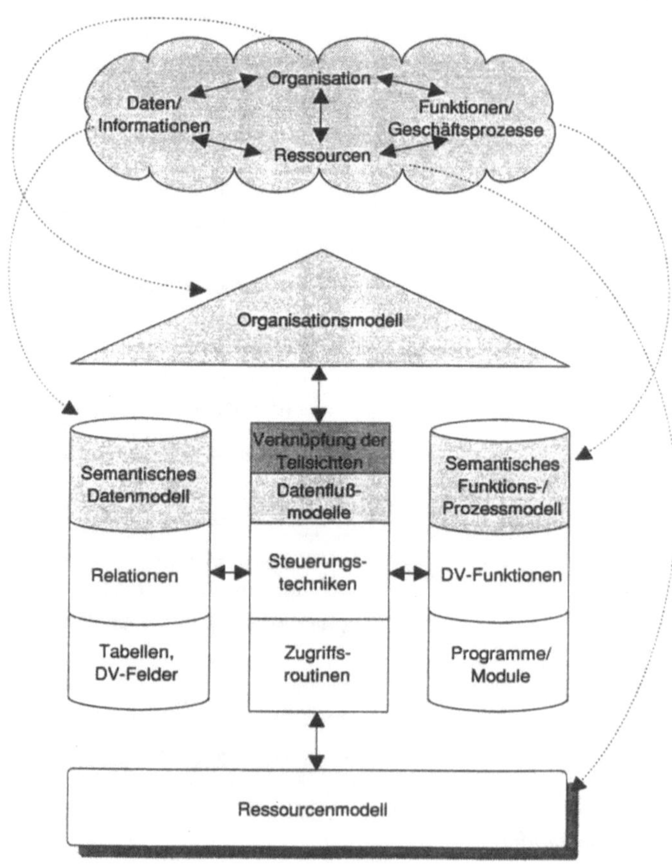

Abbildung 2: ARIS - Architektur

Relevante Elemente von DV-Konzepten stellen z. B. Relationen und DV-Funktionen dar; Tabellen, DV-Felder, Programme und Module sind Elemente der Realisierungsebene.

Dieser Konzeption liegt die Vorstellung zugrunde, daß vor einer Realisierung und Programmierung von DV-Systemen, die in den DV-Systemen abzubildende Realität in Form von Daten-, Funktions-/Prozeß- und Organisationsmodellen vollständig und in konsistenter Weise beschrieben werden muß.

In Organisationsmodellen werden Organisationseinheiten, deren fachliche und disziplinarische Über- bzw. Unterordnung sowie deren Zusammensetzung beschrieben. Die Beschreibung erfolgt auf der fachlichen Ebene i. d. R. mit Hilfe von Organigrammen.

In semantischen Datenmodellen werden die Informationsobjekte des definierten Problemausschnittes (z. B. Entity- und Beziehungstypen sowie Attribute) als konsistente und einheitliche Informationsstruktur beschrieben. Als Beschreibungsmittel wird das Entity-Relationship-Modell eingesetzt. Ein Ausschnitt aus der graphischen Beschreibung eines Datenmodells ist in Abbildung 3 dargestellt.

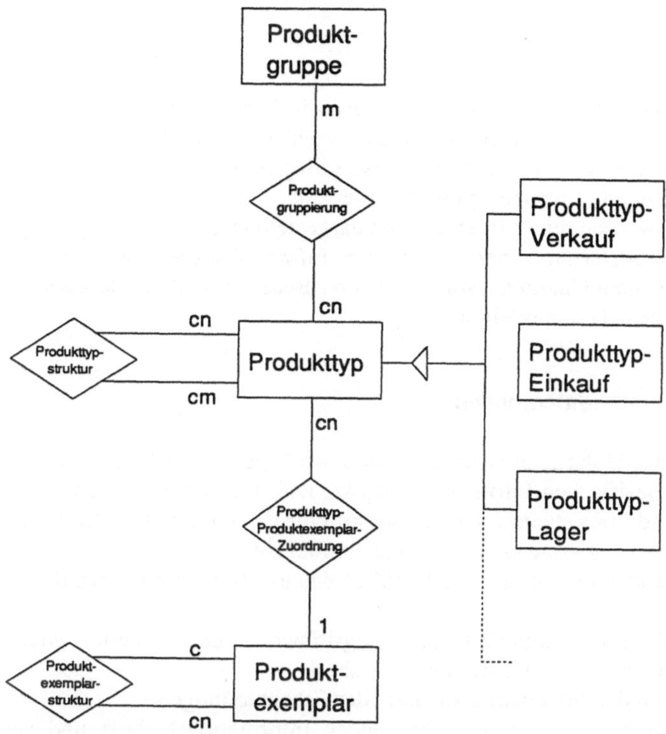

Abbildung 3: Begriffserklärung "Produkt"

In Funktionsmodellen werden die für die Unternehmung betriebswirtschaftlich relevanten Funktionen dargestellt.

Auf der fachlichen Ebene erfolgt die Darstellung i. d. R. mit Hilfe von Funktionshierarchiebäumen (vgl. Abbildung 4).

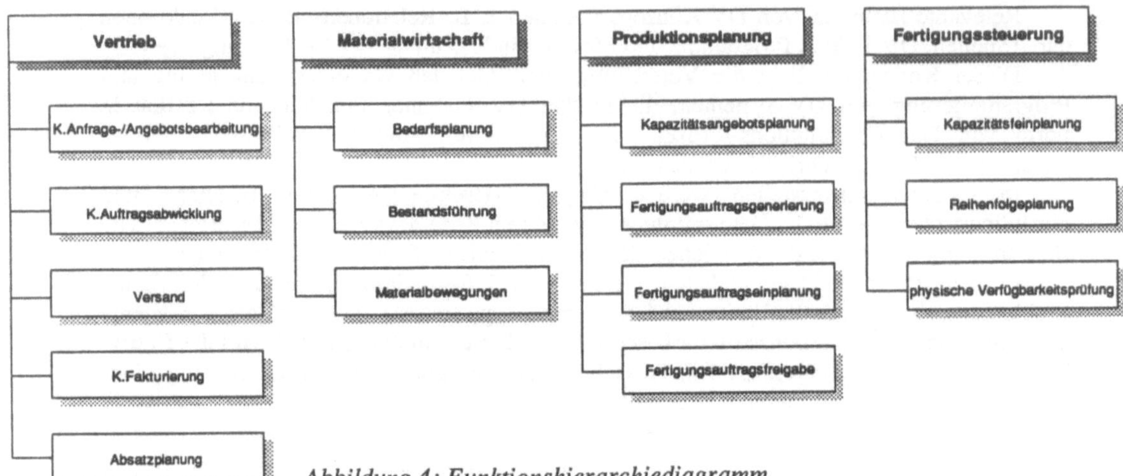

Abbildung 4: Funktionshierarchiediagramm

In Prozeßmodellen werden die Funktionen in ihrer Dynamik, d.h. in ihrer inhaltlichen und der daraus resultierenden zeitlichen Abhängigkeit dargestellt. Als Bindeglieder zwischen den einzelnen Funktionen wirken Ergebnisse/Ereignisse, die einerseits durch Funktionen erzeugt werden und andererseits neue Funktionen auslösen können. Prozeßmodelle werden durch Prozeßketten dargestellt (vgl. Abbildung 5).

Für die Realisierung einer integrierten Informationsverarbeitung sind Modelle von unternehmensweitem Charakter von besonderer Bedeutung. Zentrale Bedeutung kommt hier dem Unternehmensdatenmodell zu.

4.2   Unternehmensdatenmodell

Unter einem Unternehmensdatenmodell wird die Darstellung und Beschreibung aller unternehmensspezifischen Informationsobjekte und ihrer Beziehungen als eine einheitliche, abgestimmte und konsistente Informationsstruktur verstanden. Ein derartiges Modell wurde erstmals durch Scheer entwickelt und veröffentlicht[15].

Zunächst sollen mit Hilfe eines UDM's folgende Ziele erreicht werden:

- Schaffen einer einheitlichen Begriffswelt und damit einer einheitlichen unternehmensweiten Kommunikationsbasis,
- Bestimmen des Informationsbedarfs der Fachabteilungen,
- Aufzeigen des abteilungsübergreifenden Informationsbedarfs und der Informations- und Begriffszusammenhänge,
- Darstellung des betrieblich relevanten Realitätsausschnittes.

Durch den Vergleich eines UDM's mit den Datenstrukturen bestehender Anwendungssysteme kann Transparenz geschaffen werden im Hinblick auf

---

15   vgl. Scheer, A.-W.: Wirtschaftsinformatik - Informationssysteme im Industriebetrieb. 3. Aufl., Berlin u. a. 1990.

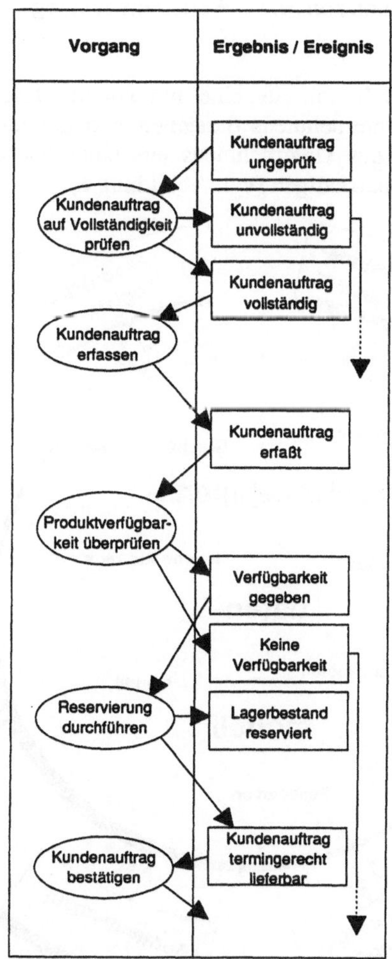

Abbildung 5: Prozeßkette "Kundenauftragsbearbeitung" (Ausschnitt)

- EDV-mäßig nicht bzw. unzureichend abgedeckte Sachverhalte,
- vorhandene Datenredundanzen in den Anwendungssystemen,
- Integrationsanforderungen von Teilsystemen.

Darüber hinaus bildet ein UDM die Grundlage bzw. die Voraussetzung für

- die strategische Informationssystemplanung,
- den Aufbau eines unternehmesweiten Datenmanagements,
- die Realisierung einer integrierten Informationsverarbeitung,
- die fundierte Auswahl von Standardsoftware,
- die Entwicklung integrierter und anforderungsgerechter Individualsoftware und

-   die systematische und kontrollierte Weiterentwicklung von Standard- und
    Individualsoftware.

Das Unternehmensdatenmodell soll als eine umfassende Informationsstruktur den
gesamten Datenhaushalt eines Unternehmens darstellen und die Informationsbedürfnisse
der verschiedenen Fachbereiche des Unternehmens aus einer übergeordneten Sicht und
damit in einer konsistenten Form befriedigen (vgl. Abbildung 6).

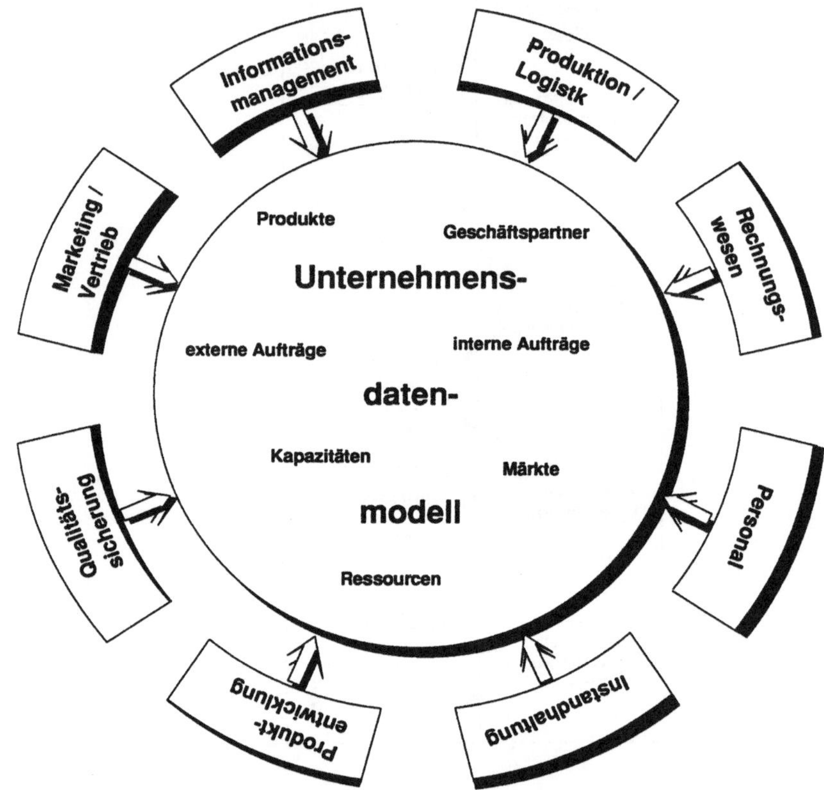

Abbildung 6: Unternehmensdatenmodell

4.2.1 Anforderung an die Methode zur Datenmodellierung

Als Methode zur Erstellung von (Unternehmens-) Datenmodellen hat sich eine
erweiterte Form des Entity-Relationship-Modells (ERM) bewährt[16]. Die Grundelemente
Entity, Entitytyp, Beziehung, Beziehungstyp und Attribut sind in Abbildung 7 dargestellt.

---

16   Zur Methode vgl. Scheer, A.-W.: Wirtschaftsinformatik - Informationssysteme im Industriebetrieb. 3.
     Aufl., Berlin u. a. 1990, S. 30 ff.; Scheer, A.-W.: Architektur integrierter Informationssysteme. Berlin
     u. a. 1991, S. 94 ff.

Grundbegriffe: Entity, Entitytyp, Beziehung, Beziehungstyp, Attribute

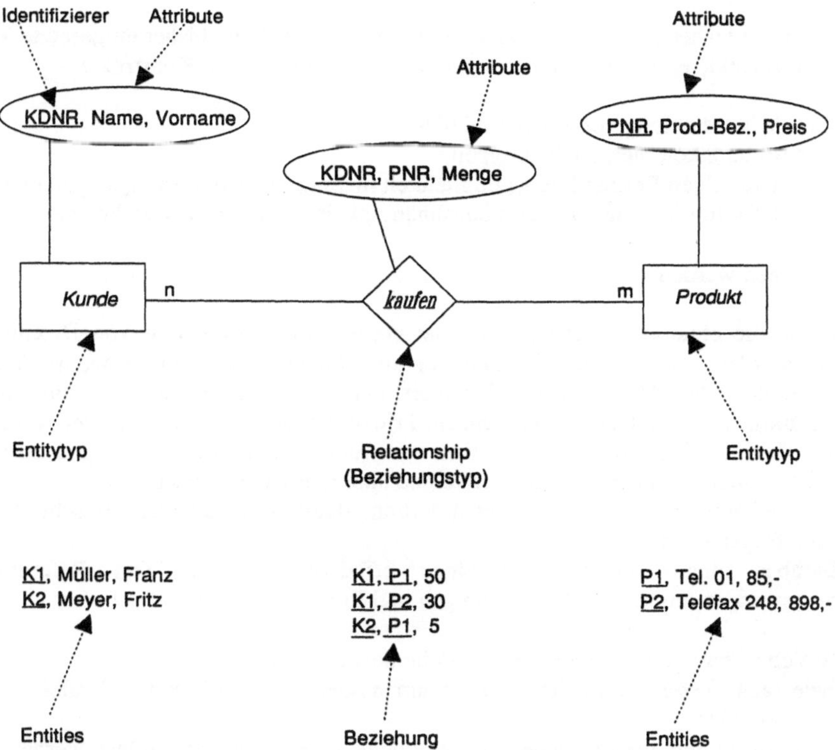

Abbildung 7: Entity-Relationship-Modell

Ein Entity ist ein einzelnes konkretes oder abstraktes Objekt. Ein Entitytyp repräsentiert eine eindeutig benannte Sammlung von Entities, die im Hinblick auf interessierende Sachverhalte Ähnlichkeiten aufweisen. Eine Beziehung ist eine Verknüpfung zwischen zwei oder mehr Entities. Ein Beziehungstyp repräsentiert eine eindeutig benannte Sammlung gleichartiger Beziehungen. Attribute sind beschreibende Merkmale oder Identifizierer von Entity- oder Beziehungstypen.

Die Komplexität von Beziehungstypen, d. h. die Anzahl von Beziehungen, die ein einzelnes Entity eingehen kann, wird an den Kanten angegeben, die Beziehungstyp und Entitytyp miteinander verbinden. Als Kardinalitäten werden c, 1, cn und n unterschieden. Sie bedeuten in min-max-Notation ausgedrückt [0,1], [1,1], [0,n], [1,n], wobei z. B. [0,n] bedeutet, daß ein Entity keine, eine oder mehrere Beziehungen mit anderen Entities eingehen kann.

Das derzeit i. a. eingesetzte ERM beinhaltet folgende Erweiterungen:

- Generalisierung / Spezialisierung (Supertyp, Subtyp),
- Entitytyp aus Uminterpretation,
- mehrstellige Beziehungtypen,
- identifikatorabhängiger Entitytyp.

Aufgrund bisher nicht abgedeckter Anforderungen muß die bisher eingesetzte Methode um einige Aspekte erweitert werden. In die Methode müssen u. a. Konstrukte

- für die Verdichtung von Datenmodellen,
- zur Bildung komplexer Objekttypen,
- zur eindeutigen Beschreibungsmöglichkeit mehrstelliger Beziehungstypen und
- zur Definition bestehender Existenzabhängigkeiten zwischen Beziehungstypen

aufgenommen werden[17].

Durch die erste Anforderung soll eine verbesserte Präsentation von Datenmodellen erreicht werden. Sie ist erforderlich, damit Datenmodelle, insbesondere komplexe Datenmodelle, vom Management akzeptiert und somit für strategische und taktische Entscheidungen zugrundegelegt werden. Im Prinzip handelt es sich bei dieser Anforderung um eine flexible Gruppierungsmöglichkeit von Entity- und Beziehungstypen zu Clustern und deren weitere Gruppierungsmöglichkeit zu übergeordneten Clustern.

Die weiteren Konstrukte sind erforderlich, damit eine exaktere Beschreibung der Realität erfolgen kann.

Darüber hinaus müssen für einen effizienten Einsatz von Referenz- und Unternehmensdatenmodellen Anforderungen und Regeln dahingehend definiert werden,

- welche Charakteristika Referenzmodelle besitzen müssen,
- wie aus Referenzmodellen unternehmensspezifische Modelle abgeleitet werden können oder
- wie Strukturen verschiedener Datenmodelle aufeinander abgebildet werden können und wie deren Übereinstimmungsgrad zu ermitteln ist.

4.3 Unternehmensfunktions-/Unternehmensprozeßmodell

Eine Abgrenzung von Funktions- und Prozeßmodellen ist relativ schwierig, weil es letztendlich nur unterschiedliche Sichten auf denselben Sachverhalt sind.

Funktionen werden i. d. R. in Funktionshierarchiediagrammen dargestellt (vgl. Abbildung 4), ohne daß deren Beziehungen zu ihrem relevantem Umfeld, z. B. den Daten oder der Organisation, berücksichtigt werden. Dementsprechend ist ein Unternehmensfunktionsmodell die Menge aller Aufgaben/Funktionen, die innerhalb eines Unternehmens für die Erreichung der Unternehmensziele durchzuführen sind. Das Aufgabenspektrum erstreckt sich von der Festlegung der Unternehmensziele bis zur

---

17   vgl. Loos, P.: Datenstrukturierung in der Fertigung - ein methodischer Modellierungsansatz für die Gestaltung von Fertigungsinformationssystemen. Dissertation in Vorbereitung 1991.

Instandhaltung von Anlagen. Die Funktionen können auf unterschiedlichen Detaillierungsstufen definiert werden.

In Prozeßmodellen werden die Funktionen in ihrer inhaltlichen und zeitlichen Abhängigkeit dargestellt (vgl. Abbildung 5). Hier kann ebenfalls eine Darstellung auf unterschiedlichen Detaillierungsstufen vorgenommen werden. Ein Unternehmensprozeßmodell ist somit die Darstellung aller Funktionen des Unternehmens unter Berücksichtigung ihrer inhaltlichen und zeitlichen Abhängigkeit.

Beide Komponenten, das Unternehmensdaten- und das Unternehmensfunktions-/Unternehmensprozeßmodell, stellen die grundlegenden Anforderungen aus fachlicher Sicht dar. In ihnen werden die Anforderungen aus der übergeordneten, unternehmensweiten Sicht definiert. Sie stellen somit das Mittel bzw. die Voraussetzung für die integrierte Informationsverarbeitung dar.

4.3.1 Anforderungen an die Methode zur Funktions-/Prozeßmodellierung

Für die Definition und Beschreibung von Funktionen hat sich bisher noch keine einheitliche Beschreibungsprache, d. h. keine einheitliche Methode herausgebildet[18].

Folgende Anforderungen sind jedoch an eine geeignete Methode zur Funktions-/Prozeßmodellierung zu stellen:

1. Eine Funktion stellt eine Tätigkeit (Verarbeitung) dar.
2. Eine Funktion benötigt Daten als Input und erzeugt Daten als Output, d. h. die Funktion transformiert Daten.
3. Für Funktionen muß eine flexible Gruppierungsmöglichkeit bestehen, d. h. einerseits muß eine Funktion in mehrere (untergeordnete) Funktionen zerlegt werden können, andererseits muß eine Funktion, in Abhängigkeit von der zugrundegelegten Sichtweise, zu mehreren (übergeordneten) Funktionen zusammengefaßt werden können.
   Diese Anforderung resultiert aus der Erkenntnis, daß es kein dominierendes Kriterium für die eindeutige Zuordnung von Funktionen zu einer übergeordneten Funktion gibt. Unterschiedliche Sichtweisen führen zu unterschiedlichen Gruppierungen[19].
4. Eine Funktion wird einerseits immer durch ein oder mehrere Ereignisse angestoßen und erzeugt andererseits immer ein oder mehrere Ergebnisse; diese Ergebnisse stellen wiederum Ereignisse dar.
   In welcher Verknüpfung die Ereignisse (UND-, ODER-Verknüpfung usw.) auftreten müssen, damit eine Funktion ausgeführt wird und unter welchen Bedingungen welche Ergebnisse erzeugt werden, muß durch die Konstrukte der Methode abgebildet werden können.
   Diese Anforderung wird definiert, da Funktionen nur auszuführen sind, wenn ein oder mehrere Ereignisse auftreten und die Durchführung einer Funktion auch immer zu einem Ergebnis führt. Darüberhinaus zeigt die Erfahrung bei der Durchführung der Funktions-/Prozeßmodellierung, daß durch die Aufnahme der Ergebnisse und Ereignisse als Elemente der Methode (exakt: Ergebnis-/Ereignistyp) eine exaktere und vollständigere Abbildung der Realität erreicht wird.

---

18   vgl. Scheer, A.-W.: Architektur integrierter Informationssysteme. Berlin u. a. 1991, S. 62.
19   Zu einem Beispiel vgl. Scheer, A.-W.: Architektur integrierter Informationssysteme. Berlin u. a. 1991, S. 68 ff.

4.4   Vorgangskettendiagramme - eine spezielle Sicht der Informationsmodellierung

Die Vorgangskettendiagramme stellen eine spezielle Sicht der Informationsmodellierung dar. D. h., in den Vorgangskettendiagrammen wird eine Auswahl von Informationsobjekten dargestellt, die für die Aufgaben der Informationsmodellierung von zentraler Bedeutung sind. Eine geeignete Darstellung enthält in der Regel die Spalten "Daten/Information", "Vorgang", "Ergebnis/Ereignis", "System", "Art der Bearbeitung" und "Organisatonseinheit" (vgl. Abbildung 8)[20]. Aufgrund der ausgewählten Elemente erfolgt in den Vorgangskettendiagrammen somit eine Verknüpfung der Teilsichten Daten, Funktion/Prozeß, Organisation und Ressource[21].

Bei den in den Vorgangskettendiagrammen dargestellten Inhalten kann es sich um die Beschreibung eines bestehenden Zustandes (Ist-Zustand) oder um die Beschreibung eines gewünschten Zustandes (Soll-Zustand) handeln. Die Vorgangskettendiagramme können somit sowohl als Analyse- bzw. Diagnoseinstrument als auch als Mittel zur Gestaltung zukünftiger Soll-Zustände eingesetzt werden.

Das Kernstück der Vorgangskettendiagramme ist die Darstellung des Prozeßmodells. In den Vorgangskettendiagrammen werden somit die Wertschöpfungsketten bzw. Geschäftsprozesse (sie sind letztendlich auch nur eine Funktion auf einem hohen Verdichtungsgrad) eines Unternehmens bzw. einer interessierenden Einheit auf dem gewünschten Detaillierungsgrad dargestellt.

Die einen Vorgang ausführende Organisationseinheit wird in der Spalte "Organisationseinheit" angegeben. In der Spalte "System" kann angegeben werden, ob eine Funktion durch ein DV-System unterstützt wird und wenn ja, durch welches System. Die Art der Bearbeitung, relevante Ausprägungen sind z. B. manuell, dialog, batch, kann in der entsprechenden Spalte angegeben werden. Interessiert auch der Zusammenhang zwischen den Funktionen und den Daten, so kann durch Aufnahme der Spalte "Daten/Informationen" und durch entsprechende Verknüpfungen der interessierende Sachverhalt dargestellt werden.

Die Auswertungen der Vorgangskettendiagramme bietet bei deren Einsatz als Analyse- bzw. Diagnoseinstrument eine breites Spektrum an Ansatzpunkten für die Ermittlung von Schwachstellen. Auswertungen über die Spalten "System", "Art der Bearbeitung" und "Organisationseinheit" lassen auftretende Systemwechsel, Brüche im Hinblick auf die Bearbeitung und Wechsel bzgl. der bearbeitenden Organisationseinheit erkennen. Derartige Wechsel und Brüche sind von Bedeutung, da sie innerhalb eines Geschäftsprozesses erfolgen und i. d. R. aufgrund von Übergangs- und Liegezeiten zu langen Durchlaufzeiten führen. Um diese zu vermeiden, sollten DV-Systeme möglichst in der Weise gestaltet werden, daß die in einer Prozeßkette aufeinanderfolgenden Funktionen möglichst durch ein DV-System unterstützt werden. Ebenso sollten aufeinanderfolgende Funktionen möglichst durch eine Organisationseinheit (Stelle) bearbeitet werden.

Die Vorgangskettendiagramme geben somit wichtige Hinweise für die Abgrenzung von DV-Systemen und die Zuordnung von Aufgaben zu organisatorischen Einheiten.

---

20   Zu einer ähnlichen Darstellung vgl. Scheer, A.-W.: EDV-orientierte Betriebswirtschaftslehre. 4. Aufl., Berlin u. a. 1990, S. 38 ff.

21   Zur Darstellung verschiedener Architektur-Konzepte vgl. Scheer, A.-W.: Architektur integrierter Informationssysteme. Berlin u. a. 1991, S. 24 ff.

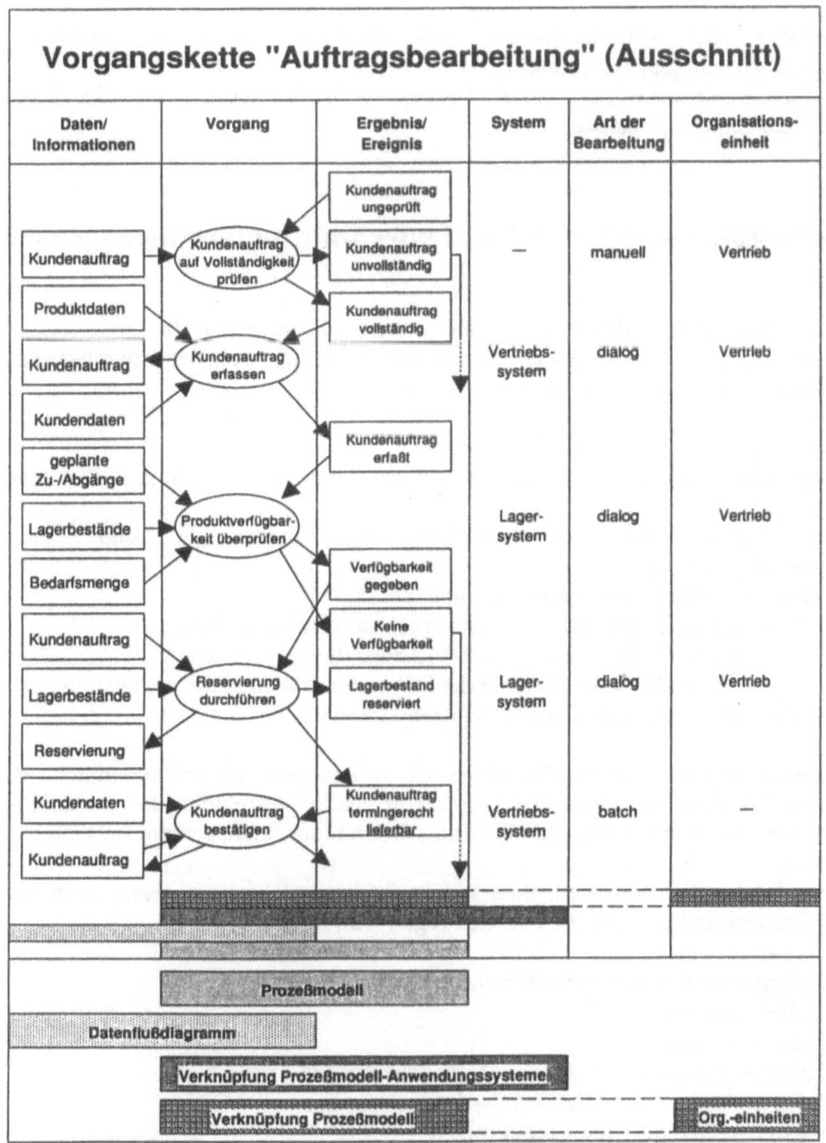

Abbildung 8: Vorgangskette "Auftragsbearbeitung" (Ausschnitt)

Ein wesentlicher Aspekt der Vorgangskettendiagramme, im Gegensatz zur Darstellung von Datenmodellen durch ERM-Diagramme und Funktionen durch Funktionshierarchiediagramme, ist die Darstellung der dynamischen Aspekte der Aufgabenerledigung. Durch die Berücksichtigung dieses Aspektes können aufgrund der zugrundeliegenden Datenstrukur (Bearbeitungs-, Übergangszeiten usw. müssen selbstverständlich in die Datenbasis aufgenommen werden) Simulationen mit alternativen organisatorischen Abläufen durchgeführt werden, um IS-Potentiale (z. B. im Hinblick auf eine Senkung der Durchlaufzeiten und dadurch realisierbare Nutzen- und Kostensenkungspotentiale) zu ermitteln.

Die Inhalte der Vorgangsketten können selbstverständlich an die jeweiligen Fragestellungen angepaßt werden.

5 Voraussetzungen für ein effizientes Informationsmanagement

Die Erkenntnis, daß ein an den Unternehmenszielen orientiertes Informationsmanagement erforderlich ist, hat sich in der Zwischenzeit durchgesetzt. Die Gründe hierfür sind in folgenden Punkten zu sehen:

- strategische Bedeutung der Information,
- informationstechnologische Entwicklungen mit den daraus resultierenden Möglichkeiten,
- neue Anforderungen im Hinblick auf umfassende und integrierte Anwendungskonzepte,
- die heutige DV-Situation, gekennzeichnet durch
  -- unzureichende Unterstützung der organisatorischen Abläufe,
  -- unzureichende Integration von DV-Anwendungssystemen,
  -- unzureichende Verträglichkeit der DV-technischen Komponenten und
  -- ein unbefriedigendes Kosten-/Nutzenverhältnis.

An dieser Stelle ist somit die Frage zu stellen, was zu tun ist, damit aus der vorhandenen Erkenntnis in möglichst kurzer Zeit positive Effekte erzielt werden; anders formuliert, was ist zu tun, damit ein effizientes Informationsmanagement im Unternehmen erreicht wird.

Als die wichtigsten Faktoren, man spricht in diesem Zusammenhang auch von den kritischen Erfolgsfaktoren[22], sind zu nennen (vgl. Abbildung 9):

- Aufgaben- und Kompetenzfestlegung,
- Ablauforganisation,
- Aufbauorganisation,
- integriertes phasenübergreifendes Methodenkonzept,
- integrierte phasenübergreifende DV-Unterstützung,
- Ausbildungs-/Weiterbildungskonzept.

- **Festlegen der Aufgaben und Kompetenzen**
Ausgangspunkt für die Implementierung eines Informationsmanagements in einem Unternehmen ist die Festlegung und Beschreibung aller Aufgaben und Kompetenzen, die von diesem Bereich zu übernehmen sind. Dies ist zunächst auf einer grundsätzlichen Ebene durchzuführen. Informationsgrundlagen hierfür sind die bereits heute durch den Bereich ORG/DV wahrgenommenen Aufgaben oder externe Informationsquellen (Zeitschriftenartikel, Seminare usw.).

---

22   vgl. Rockart, J. F.: The Changing Role of the Information Systems Executive: A Critical Success Factors Perspective. Sloan Management Review, 24(1982)1, S. 3-13.

Abbildung 9: Effizientes Informationsmanagement

-   Definition der Ablauforganisation

Aufbauend auf diesen groben Vorstellungen sind die relevanten Geschäftsprozesse zu identifizieren. Sie sind weitergehend zu analysieren und zu definieren, d. h. die organisatorischen Abläufe sind festzulegen. Geeignetes Darstellungsmittel hierfür sind die bereits vorgestellten Vorgangskettendiagramme. In Abbildung 10 findet sich eine beispielhafte Vorgangskette für die Erstellung eines Fachkonzeptes unter Einsatz eines UDM's. Weitere relevante Geschäftsprozesse für die die Ablauforganisation zu definieren ist sind z. B. die Auswahl, die Einführung oder die Anpassung/Weiterentwicklung von Anwendungssoftware.

-   Definition der Aufbauorganisation

Im Zusammenhang mit der zu definierenden Ablauforganisation ist auch die Aufbauorganisation mit den erforderlichen Organisationseinheiten und deren Aufgaben und Kompetenzen festzulegen. Da der Einsatz eines Unternehmensdatenmodells von zentraler Bedeutung ist, ist in diesem Zusammenhang auch das Datenmanagement aufzubauen.

Dem Datenmanagement obliegt u. a. die Verwaltung und Pflege des UDM's, das als Soll-Datenmodell und stabiler Bezugspunkt für alle bestehenden und zukünftigen Anwendungssysteme dienen soll.

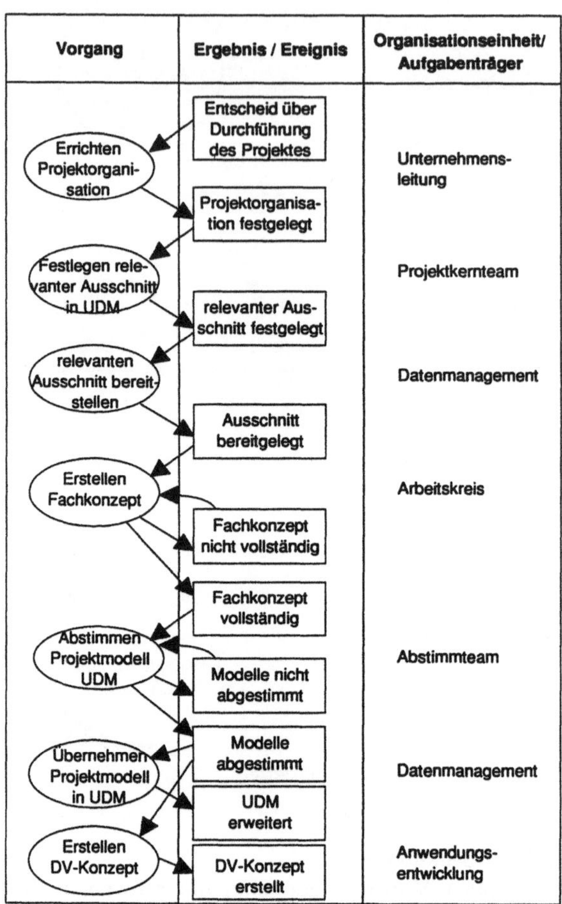

Abbildung 10: Erstellung eines Fachkonzeptes unter Einbindung eines UDM's

Aufgrund der strategischen Bedeutung dieses Aufgabengebietes, aufgrund der Tatsache, daß es sich um eine Querschnittsfunktion handelt und weil es sich bei der Einführung des Informationsmanagements um einen Prozeß des organisatorischen Wandels mit großer Tragweite handelt[23], ist eine hohe hierarchische Einordnung des Informationsmanagements erforderlich (vgl. Abbildung 11).

-       **Integriertes phasenübergreifendes Methodenkonzept**
Für die Durchführung der Aufgaben des Informationsmanagements muß ein Methodenkonzept erarbeitet werden, das alle Phasen der Bereitstellung und Nutzung der DV umfaßt, ausgehend von der strategischen Informationssystemplanung bis zum DV-Betrieb.

---

23   Zu Aspekten des organisatorischen Wandels vgl. Brombacher, R.: Entscheidungsunterstützungssysteme für das Marketing-Management. Berlin u. a. 1988, S. 190 ff.

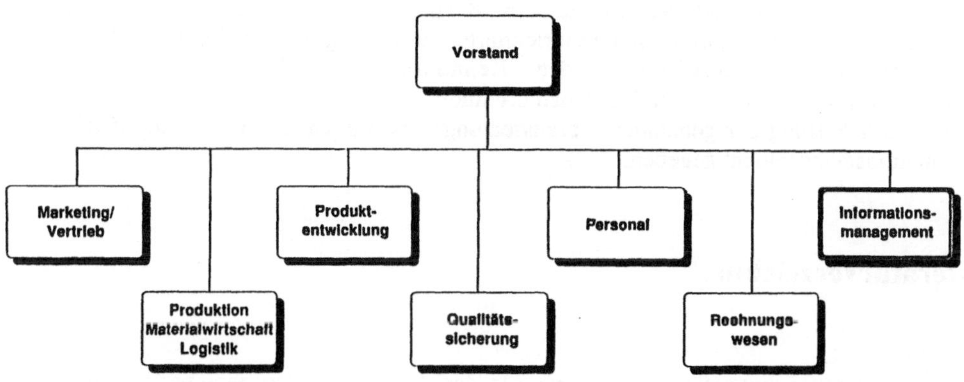

Abbildung 11: Aufbauorganisatorische Einordung des Informationsmanagements

Bei Betrachtung des Softwareentwicklungsprozesses ist aus horizontaler Sicht vor allem eine Integration von Daten- und Funktions-/Prozeßmodellierung erforderlich. In vertikaler Hinsicht muß eine Integration der eingesetzten Methoden über die verschiedenen Phasen hinweg vorgenommen werden. Dies bedeutet u.a., daß in einzelnen Projektphasen erarbeitete Projektergebnisse unter Sicherstellung der Konsistenz phasenübergreifend zu verwenden sind. Es muß somit ein integriertes und phasenübergreifendes Methodenkonzept entwickelt werden. Ein derartiges Konzept wurde von Scheer in dem Buch "ARIS-Architektur integrierter Anwendungssysteme" entwickelt[24].

-   DV-Unterstützung des Informationsmanagements
Um auch innerhalb des Bereichs Informationsmanagement und im Zusammenhang mit den anderen Bereichen die vorhandenen Nutzen-/Kostensenkungspotentiale auszuschöpfen, müssen die Aufgaben des Informationsmanagements durch eine möglichst durchgängige DV-Lösung unterstützt werden. Dies bedeutet, daß das integrierte phasenübergreifende Methodenkonzept unter Berücksichtigung der definierten Aufbau- und Ablauforganisation als integriertes DV-Anwendungssystem zu entwickeln und einzuführen ist.
Erste Schritte in dieser Hinsicht wurden bereits durch den Einsatz von CASE-Tools oder zentraler Dictionnaries/Repositories gemacht[25]. Zur optimalen Ausschöpfung der vorhandenen Potentiale bedarf es jedoch auch für dieses Aufgabengebiet einer integrierten und durchgängigen DV-Unterstützung.

-   Ausbildungs-/Weiterbildungskonzept
Da für die Durchführung der Aufgaben des Informationsmanagements eine Vielzahl von Planungs- und Entscheidungstechniken, Methoden des Software-Engineerings und verschiedenen Werkzeugen (als integrierte Lösung!) erforderlich ist, müssen die Mitarbeiter im Hinblick auf den Einsatz und die Nutzung dieser Hilfsmittel aus- und weitergebildet

---

24   vgl. Scheer, A.-W.: Architektur integrierter Informationssysteme. Berlin u. a. 1991.
25   Zum Einsatz und den Erfahrungen vgl. Brombacher, R.: Erfahrungen bei der Unternehmensdatenmodellierung. Manuskript zur Datenbanktagung "Datenbanken 91". Saarbrücken 1991, S. 23 ff.

werden. Für die Aus- und Weiterbildung muß ein Konzept entwickelt und umgesetzt werden, das eine systematische und zielorientierte Ausbildung ermöglicht, das sich an den Anforderungen im Unternehmen, den Kenntnissen der Mitarbeiter und ihren Entwicklungsmöglichkeiten und Wünschen orientiert.

Durch die Schaffung der genannten Voraussetzungen ist die Grundlage für ein effizientes Informationsmanagement gegeben.

Literaturverzeichnis

Brombacher, R.:
> Entscheidungsunterstützungssysteme für das Marketing-Management. Berlin u. a. 1988.

Brombacher, R.:
> Erfahrungen bei der Unternehmensdatenmodellierung. Manuskript zur Datenbanktagung "Datenbanken 91". Saarbrücken 1991.

Finke, W. F.:
> Informationsmanagement in Organisationen. Zeitschrift Führung und Organisation. Jg. 56 (1987), S. 360-368.

Krcmar, H.:
> Innovationen durch Strategische Informationssysteme. In: Innovation und Wettbewerbsfähigkeit. Hrsg.: E. Dichtl, W. Gerke, A. Kieser. Wiesbaden 1987, S. 227-246.

Loos, P.:
> Datenstrukturierung in der Fertigung - ein methodischer Modellierungsansatz für die Gestaltung von Fertigungsinformationssystemen. Dissertation in Vorbereitung.

Neu, P.:
> Strategische Informationssystemplanung - Konzepte und Instrumente. Dissertation in Vorbereitung.

Porter, M. E.:
> How Competitive Forces Shape Strategy. Harvard Business Review, 57(1979)2, S. 137-145.

Porter, M. E. u. Millar, V. E.:
> Wettbewerbsvorteile durch Information. Harvard Manager 1986, Nr. 1, S. 26-35.

Rockart, J. F.:
> The Changing Role of the Information Systems Executive: A Critical Success Factors Perspective. Sloan Management Review, 24(1982)1, S. 3-13.

Scheer, A.-W., Kraemer, W.:
> Betriebsübergreifende Vorgangsketten und Informationssysteme. CIM-Management 5(1989)3, S. 4-9.

Scheer, A.-W.:
> EDV-orientierte Betriebswirtschaftslehre. 4. Aufl., Berlin u. a. 1990.

Scheer, A.-W.:
> Wirtschaftsinformatik - Informationssysteme im Industriebetrieb. 3. Aufl., Berlin u. a. 1990.

Scheer, A.-W.:
> Architektur integrierter Informationssysteme. Berlin u. a. 1991.

Objektorientierung - eine einheitliche Sichtweise für die Ablauf- und Aufbauorganisation sowie die Gestaltung von Informationssystemen

Von Prof. Dr. Jörg Becker, Münster

Inhaltsübersicht

1 Objektorientierung in der Ablauforganisation

1.1 Objektorientierung in der Organisationsform der Fertigungsinsel

Das betriebliche Geschehen (Erbringung einer Marktleistung unter Beachtung des erwerbswirtschaftlichen Prinzips) unterliegt einer vom dispositiven Faktor geschaffenen Ordnung. Organisation heißt dabei zum einen das Schaffen dieser Ordnung, d. h. der Regelungen, die den Ablauf zur Erstellung der Marktleistung gestalten, zum anderen die Summe all dieser Regelungen. Dabei muß zwischen Ablauf- und Aufbauorganisation unterschieden werden. Die Ablauforganisation regelt den Prozeß der Erstellung der Marktleistung, die Aufbauorganisation legt fest, welche Instanzen mit welchen Aufgaben betraut werden.

Jede Aufgabe, die im Rahmen der Erstellung der Marktleistung zu erfüllen ist, läßt sich nach Kosiol durch fünf Merkmale beschreiben:

- durch ihren Verrichtungsvorgang,
- durch ihr Objekt,
- durch die zur Verrichtung notwendigen Arbeiten und der Hilfsmittel,
- durch ihren räumlichen Bezug,
- durch ihren zeitlichen Bezug[1].

Traditionellerweise hat die Vorgehensweise, eine Unternehmung nach dem Verrichtungsvorgang zu ordnen, eine starke Verbreitung gefunden. So wird die Fertigung eines Unternehmens meistens dergestalt organisiert, daß die Betriebsmittel räumlich und organisatorisch zusammengefaßt werden, die gleiche oder ähnliche Funktionen erfüllen können. Ergebnis dieser Organisationsform sind Werkstätten, die ähnliche Verrichtungen vollziehen können (Werkstätten für Drehautomaten, Werkstätten für Bohr- und Fräsautomaten, Werkstätten zum Lackieren etc.). Hauptzielrichtung ist eine optimale Auslastung von Kapazitäten, die man dadurch versucht zu erreichen, daß man die Kapazitäten poolt. Der Nachteil dieser Organisationsform sind die sehr langen Durchlaufzeiten. Ein Auftrag wird in einer Werkstatt eingeplant, nach der Fertigung von dieser Werkstatt zurückgemeldet und anschließend ins Lager transportiert. Erst wenn er als im Lager angekommen gemeldet ist, wird der nachfolgende Arbeitsgang in der nächsten Werkstatt eingeplant. Auch hier verstreicht Planungs- und Liegezeit, bevor der Arbeitsgang ausgeführt wird. Unterschiedliche empirische Untersuchungen haben ergeben, daß der Anteil der Warte-, Lager- und Transportzeiten an der gesamten Durchlaufzeit bei Werkstattfertigung zwischen 80 und 98 Prozent liegt. Da heute kurze Durchlaufzeiten von großer Bedeutung sind, ist diese Organisationsform nicht immer sinnvoll. Abhilfe soll hier die Organisationsform der Fertigungsinsel schaffen.

In einer Fertigungsinsel[2] werden Maschinen unter objektbezogenen Gesichtspunkten zusammengefaßt. Teile einer unter gruppentechnologischer Sicht gebildeten Teilefamilie werden hier komplett bearbeitet. Das gesamte Teilespektrum wird in disjunkte, aber in sich möglichst homogene Gruppen aufgeteilt. Diese Homogenität bezieht sich auf die am Werkstück zu vollziehenden Fertigungsverfahren, auf den benötigten Kapazitätsbedarf pro

---

1   Kosiol, E.: Aufgabenanalyse. In: Handwörterbuch der Organisation. Hrsg.: E. Grochla. 2. Aufl., Stuttgart 1980, Sp. 203 ff.

2   vgl. Scheer, A.-W.: CIM - Computer Integrated Manufacturing. Der computergesteuerte Industriebetrieb. 4. Aufl., Berlin u. a. 1990, S. 54 - 55; Ruffing, T.: Fertigungssteuerung bei Fertigungsinseln. Köln 1991 (Neue Formen der Arbeitsorganisation. Hrsg.: Ausschuß für Wirtschaftliche Fertigung).

Werkstück an den Betriebsmitteln und auf die Geometrie der Werkstücke. Alle zur Bearbeitung einer Gruppe von Teilen notwendigen Betriebsmittel (Fertigungsmittel und Fertigungshilfsmittel) werden räumlich und organisatorisch zusammengefaßt. Das Verrichtungsprinzip, das in der Werkstattfertigung vorherrscht, weicht in der Fertigungsinsel dem Objektprinzip[3] (Abbildung 1).

Die Vorteile der Fertigungsinsel - kurze Durchlaufzeiten, hohe Flexibilität, hohe Qualität - kommen erst voll zum Tragen, wenn neben unterschiedlichen operativen Tätigkeiten der eigentlichen Fertigung und dispositiven Aufgaben der Fertigungssteuerung andere Funktionen in den Aufgabenbereich der Mitarbeiter der Fertigungsinsel übergehen.

Es sind dies Aufgaben

der Arbeitsplanung
Erstellung und Verwaltung der fertigungsinselbezogenen Arbeitspläne und Arbeitsgänge sind organisatorisch der Fertigungsinsel zugeordnet.
des Fertigungshilfsmittelwesens
Die Fertigungshilfsmittel, die fest der Fertigungsinsel zugeordnet sind, werden dort auch verwaltet.
der Qualitätssicherung
Arbeitsschrittbezogene, arbeitsgangbezogene und teilebezogene Qualitätsprüfung werden in der Fertigungsinsel durchgeführt.
der Kostenrechnung
Für die zentrale Kostenrechnung wird die Fertigungsinsel als eine Kostenstelle global geführt. Die kurzfristige Steuerung aufgrund von Kosteninformationen, die dann wesentlich detaillierter sein müssen als für die zentrale Kostenrechnung, geht auf die Fertigungsinsel über.

Da jeder Fertigungsinsel nur wenige Mitarbeiter zugeordnet sind, die sowohl operative als auch dispositive Aufgaben der genannten Funktionsbereiche ausführen, muß die organisatorische Integration ihren Niederschlag in der ingenieurtechnischen und DV-technischen Integration finden.

Die Fertigungstechnik trägt zur optimalen Gestaltung von Fertigungsinseln bei, indem die unterschiedlichen Stufen der flexiblen Automatisierung es ermöglichen, daß an einem Betriebsmittel bzw. an einer Betriebsmittelgruppe mehrere Bearbeitungen eines Werkstücks stattfinden.

Die Stufen der flexiblen Automatisierung reichen von der CNC-gesteuerten Maschine bis zum flexiblen Fertigungssystem.

Die CNC-gesteuerte Maschine zeichnet sich dadurch aus, daß zwischen unterschiedlichen Bearbeitungen nicht manuell umgerüstet werden muß, sondern daß die Maschine durch eine numerische Steuerung ihre Anweisungen erhält, wobei aufgrund des integrierten Mikroprozessors NC-Programme insgesamt in die NC-Steuerung geladen und direkt an der Maschine verändert werden können.

---

3   vgl. Scheer, A.-W.: EDV-orientierte Betriebswirtschaftslehre. 4. Aufl., Berlin u. a. 1990, S. 222 ff.

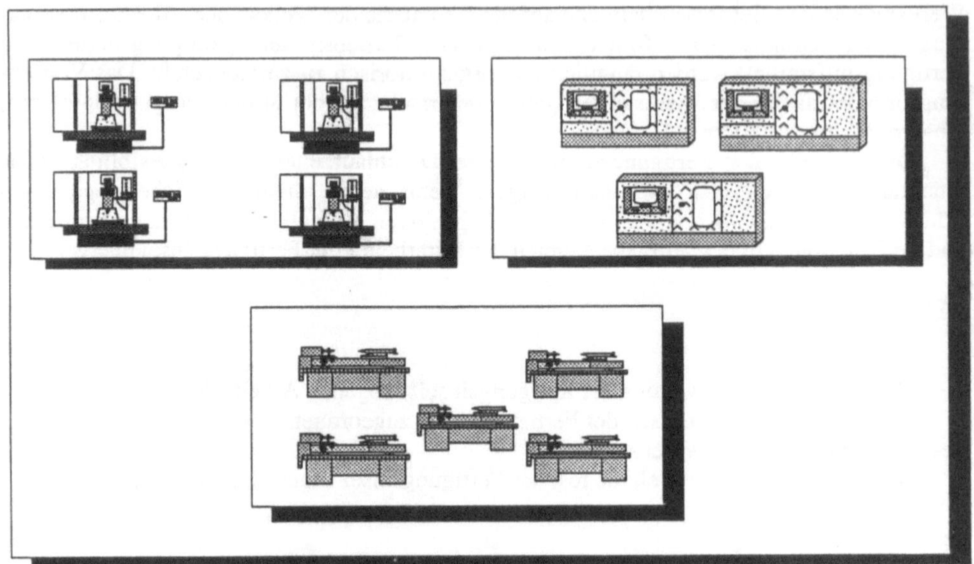

Werkstattproduktion

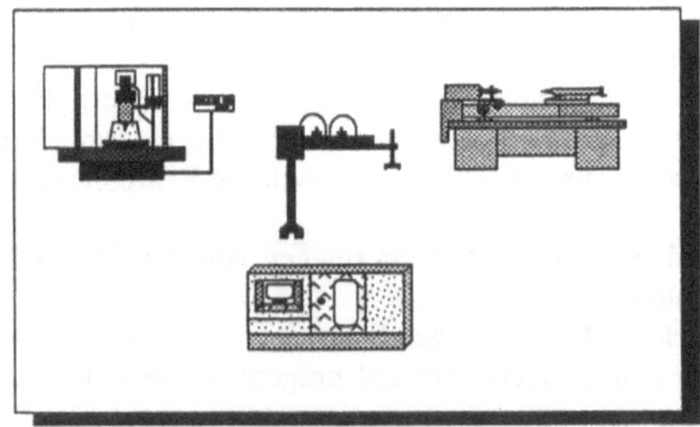

Fertigungsinselproduktion

Abbildung 1: Von der Werkstattproduktion zur Fertigungsinselproduktion

Die nächste Stufe der flexiblen Automatisierung ist das Bearbeitungszentrum, bei der eine CNC-Maschine mit einem automatischen Werkzeugwechsler versehen wird. Dadurch wird es möglich, daß in einer Aufspannung mehrere Bearbeitungen (z. B. Bohren und Fräsen mit unterschiedlichen Werkzeugen) durchgeführt werden können. Die folgende Stufe bildet die flexible Fertigungszelle. Sie besteht aus einem Bearbeitungszentrum mit einer automatischen Werkstückzufuhr, d. h. hier können unterschiedliche Teile nacheinander unterschiedliche Bearbeitungen erfahren. Die Werkstückzufuhr kann z. B. durch einen Roboter realisiert werden. Die höchste Stufe der flexiblen Automatisierung bildet das flexible Fertigungssystem, bei dem mehrere flexible Fertigungszellen durch Außenverkettung miteinander verbunden werden. Außenverkettung bedeutet, daß der Weg, den das Werkstück durch die Fertigung nimmt, nicht von vornherein vorbestimmt ist, sondern von Werkstück zu Werkstück variieren kann.

Die EDV-Unterstützung einer Fertigungsinsel mit flexibel automatisierten Fertigungseinrichtungen muß den organisatorischen und technischen Gegebenheiten durch Integration von Anwendungen Rechnung tragen. Die EDV-Anwendung muß so konzipiert sein, daß ein integriertes System all die Funktionen enthält, die an dem Objekt (der Teilefamilie) vollzogen werden. Die Funktionen des Steuerns der Maschine, der Einplanung der Aufträge, der Abstimmung mit den übergeordneten Planungssystemen, der Instandhaltung, der Unterstützung des Qualitätswesens und des Fertigungshilfsmittelwesens müssen in einem integrierten System unter einheitlicher Benutzersteuerung zusammenlaufen.

1.2   Objektorientierung in der Organisationsform der Planungsinsel

Im herkömmlichen, arbeitsteiligen System umfaßt der Produktentwicklungsprozeß mehrere sequentiell aufeinanderfolgende Schritte. Ausgehend vom Produktentwurf entsteht im Konstruktionsprozeß eine maßstäbliche Zeichnung des neuen Produktes. Im nächsten Schritt wird die Stückliste festgelegt, d. h. zu einem Endprodukt werden die Baugruppen, Komponenten und Einzelteile bestimmt. Im folgenden Schritt wird zur Fertigung jedes Teils der Stückliste der Arbeitsplan mit seinen Arbeitsgängen angelegt, möglicherweise ergänzt um einen Prüfplan. Letztendlich wird das Produkt aufgrund der Stückliste und der Arbeitspläne kalkuliert, indem die in den Arbeitsgängen angegebenen Vorgabezeiten mit den Lohnsätzen in Beziehung gebracht werden, diese Kosten zunächst pro Teil kumuliert und dann über die Stücklistenzusammensetzung für das Endprodukt ermittelt werden. Im Prinzip hat der Kalkulator nur die Möglichkeit, die Kosten, die für das Produkt anfallen werden, zu konstatieren, beeinflussen kann er sie kaum.

Im derzeitigen, arbeitsteiligen Prozeß sind diese Funktionen unterschiedlichen Bereichen und damit unterschiedlichen Abteilungen zugeordnet und werden durch unterschiedliche EDV-Systeme unterstützt.

Der Konstruktionsprozeß ist der Abteilung Konstruktion zugeordnet. Hier kommen CAD-Systeme zum Einsatz. Die Stücklisten werden oft in einer eigenen Normenstelle erstellt und verwaltet. Sie werden im PPS-System hinterlegt. Die Erstellung der Arbeitspläne gehört zum Bereich Arbeitsplanung, der in Unternehmensorganisationen meist eine eigene Abteilung ("Arbeitsvorbereitung") bildet. Die Arbeitspläne werden ebenfalls im PPS-System gespeichert. Für die Prüfpläne existiert oft ein eigenes CAQ-System. Die Kalkulation schließlich ist Teilgebiet der Kostenrechnung, wobei sowohl in PPS-Systemen, in Auftragsabwicklungssystemen als auch vor allem in Kostenrechnungssystemen Kalkulationsmodule anzutreffen sind.

Zwischen diesen Bereichen besteht eine Reihe von Interdependenzen, wie Abbildung 2 verdeutlicht.

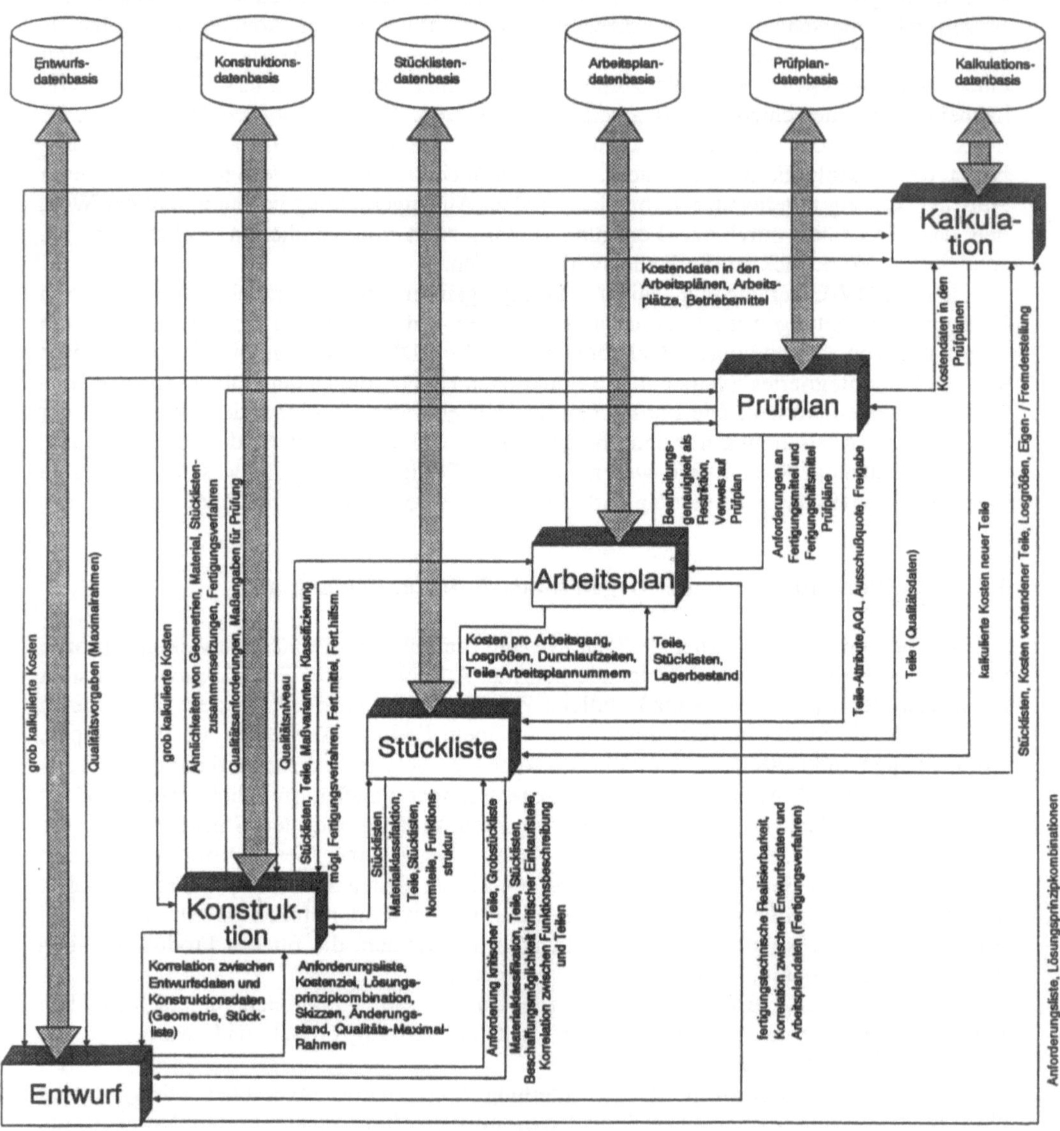

Abbildung 2: Dateninterdependenzen im Produktentwicklungsprozeß

Im Prinzip beschreiben allerdings alle Vorgänge ein und dasselbe Objekt, nämlich das neue Produkt, wobei jeweils nur die Sicht differiert. Das neue Produkt wird aus konstruktionsorientierter Sicht (CAD), aus materialwirtschaftlicher Sicht (PPS), aus Fertigungssicht (CAP), unter Qualitätsgesichtspunkten (CAQ) und aus Kostenrechnungssicht betrachtet.

Auch hier kann wie bei der Organisationsform der Fertigungsinsel das Kriterium des Objektes zur Gestaltung der Ablauforganisation herangezogen werden.[4] Gliederndes Merkmal ist damit nicht mehr die Funktion oder die Verrichtung (Konstruieren, Stücklisten Erstellen, Kalkulieren), sondern das Objekt (das neue Produkt). Alle Funktionen, die an dem neuen Produkt zu vollziehen sind, werden zusammengefaßt und damit parallelisiert. Der Konstrukteur sollte während des Konstruktionsprozesses die fertigungstechnischen Auswirkungen seiner Konstruktionsentscheidungen und die Auswirkungen auf die Kosten des neuen Produktes ersehen. Durch die simultane Definition eines neuen Produkts aus unterschiedlichen Sichten mit schrittweiser Verfeinerung aller beschreibenden Merkmale kann gegenüber dem sequentiellen Abarbeiten der Funktionen mit den auftretenden Iterationen, wie sie für die herkömmliche Verarbeitung typisch sind, eine beträchtliche Beschleunigung des Produktinnovationszyklus erreicht werden. Für viele Unternehmen liegt darin ein kritischer Erfolgsfaktor.

Die Beschleunigung der Durchlaufzeit durch Parallelisierung von Aufgaben gilt sowohl für die Kundenauftragsbearbeitung als auch für die auftragsunabhängige Produktneuentwicklung. Im ersten Fall wird die Auftragsdurchlaufzeit (Zeit von der Annahme bis zur Auslieferung eines Auftrags) durch die schnellere Planungszeit reduziert, im zweiten Fall verkürzt sich die Produktinnovationszeit. Auf käuferorientierten Märkten mit kurzen Produktlebenszyklen und schnellem technologischen Wandel können beide Aspekte der Unternehmung zu Wettbewerbsvorteilen verhelfen.

2 Objektorientierung in der Aufbauorganisation

Wenn die Ablauforganisation nach objektorientierten Kriterien gegliedert wird, sollte auch die Aufbauorganisation wegen der Konsistenz des organisatorischen Gliederungsprinzips nach gleichen Kriterien gestaltet werden. Direkt unterhalb der Geschäftsleitungsebene wurde bereits sehr früh mit einer Objektorientierung der Aufbauorganisation begonnen, indem hier Unternehmungen nach Sparten organisiert waren. Wenn aber auf der oberen Hierarchiestufe die Objektorientierung vorherrscht, auf der mittleren Hierarchieebene eine Funktionsorientierung, d. h. hier Abteilungen nach dem Verrichtungsprinzip gegliedert werden, und damit eigene Abteilungen für Konstruktion, Arbeitsplanung und Materialwirtschaft existieren, auf der unteren Ebene dagegen wieder objektorientiert gegliedert wird, d. h. hier Fertigungsinseln gebildet werden, so führt dies zu einer Vielzahl von nicht eindeutigen Über- und Unterstellungen, die der Durchsichtigkeit und damit der Effizienz der Organisation nicht förderlich sind.

So wie eine durchgängige Verrichtungsorientierung innerhalb der Aufbauorganisation zu klaren und durchsichtigen fachlichen und disziplinarischen Über- und Unterstellungen führt, so gilt gleiches auch für eine durchgängige Gliederung nach dem Objektprinzip. Sie besagt, daß auf allen Hierarchiebenen das primäre Organisationskriterium das Objekt darstellt. Auf der oberen Ebene werden Sparten gebildet, auf der unteren Fertigungsinseln und

---

4   vgl. Scheer, A.-W.: EDV-orientierte Betriebswirtschaftslehre. 4. Aufl., Berlin u. a. 1990, S. 220 ff.

im mittleren Bereich Einheiten, die meist als Verwaltungsinseln bezeichnet werden. Auch
die Begriffe Logistikinsel oder Auftragszentrum sind hierfür anzutreffen. Sie umfassen den
betriebswirtschaftlich-dispositiven Teil der Auftragsannahme, der materialwirtschaftlichen
Planung und kapazitätsmäßigen Einlastung sowie der Auftragsfreigabe und -verfolgung.
Wenn sie eher die technischen Funktionen der Produktentwicklung und Arbeitsplanung oder
die Kombination aus technischen und betriebswirtschaftlichen Aufgaben in sich vereinen,
werden sie als Planungsinseln bezeichnet.

Die Durchgängigkeit der organisatorischen Gliederung hilft Reibungsverluste, die bei
funktionsorientierter Gliederung der Aufbauorganisation (bei gleichzeitig objektorientierter
Gliederung der Ablauforganisation) entstehen, vermeiden. Die Gestaltung der Ablauforganisation nach dem Objektprinzip findet also seine adäquate Entsprechung in einer
durchgängigen Objektorientierung der Aufbauorganisation. Von einer Ausrichtung der
Unternehmung insgesamt auf Objektorientierung kann aber nur dann gesprochen werden,
wenn auch die unterstützenden EDV-Systeme dem Gedanken der Objektorientierung Rechnung tragen.

3   Objektorientierung in der Gestaltung von Informationssystemen

Um den Begriff 'Objektorientierung' für das Umfeld der EDV näher definieren zu
können, muß zunächst geklärt werden, was unter einem Objekt zu verstehen ist:

Ein Objekt ist ein (konkreter oder abstrakter) Gegenstand, der für einen gegebenen
Anwendungsbereich von Bedeutung ist.

In diesem Sinn bedeutet Objektorientierung die Betrachtung eines Systems aus der
Sicht der beteiligten Gegenstände, d. h. der beteiligten Objekte, und ihrer Beziehungen
untereinander. Die Objektorientierung schlechthin gibt es in der EDV allerdings nicht,
vielmehr existieren je nach Betrachtungsgebiet unterschiedliche Ausprägungen:

-    Objektorientierte Programmierung
-    Objektorientierte Entwurfstechniken und Analyseverfahren
-    Objektorientierte Datenbanksysteme
-    Objektorientierte Benutzerschnittstellen.

3.1   Objektorientierte Programmierung

Der Beginn der objektorientierten Programmierung wird üblicherweise mit dem
Erscheinen der Programmiersprache "Simula 67"[5] verbunden. In Simula 67 werden erstmals
"Objekte" für die Durchführung von Computersimulationen eingesetzt. Der Gedanke, auch
die Implementierung normaler Anwendungssysteme auf der Basis von Objekten
vorzunehmen, wird durch das Smalltalk-System[6] propagiert.

Bei der Programmierung muß das zu modellierende System in der Begriffswelt einer
Maschine formuliert werden. Um diese Formulierung zu vereinfachen, werden höhere Pro-

---

5   Nygaard, K.; Dahl, O.-J.: Development of the Simula Language. In: History of Programming
      Languages. Hrsg.: R. W. Wexelblatt. New York 1981, S. 439 - 480, insbes. S. 459 - 476.
6   Goldberg, A.; Robson, D.: Smalltalk-80: The Language and its Implementation. Reading, MA, 1983.

grammiersprachen eingesetzt, so daß das Problem nicht in der (primitiven) Begriffswelt der konkreten Maschine formuliert werden muß, sondern in einer den menschlichen Gedankengängen näheren Begriffswelt einer imaginären, durch die Programmiersprache realisierten Maschine. Traditionelle, d. h. imperative Programmiersprachen sind im wesentlichen höhere Modelle der Von-Neumann-Architektur der benutzten Hardware. Diese Architektur zwingt den Programmierer, Systeme in Form einer Eingabe-Verarbeitung-Ausgabe-Kette zu formulieren, d. h. Systeme wandeln bestimmte Eingaben in vorhersagbare Ausgaben um.

In der Realität ist es oft einfacher, ein System als eine Menge von (realen oder abstrakten) Gegenständen zu betrachten, die sich gegenseitig beinflussen können. Die Transformation einer solchen Betrachtungsweise in eine imperative Programmiersprache ist kompliziert und daher fehleranfällig. Die Transformation wird einfacher, wenn es die Programmiersprache gestattet, ein Problem aus Sicht der beteiligten Objekte zu formulieren.

Im Sinne der objektorientierten Programmierung[7] hat ein Objekt zwei wesentliche Eigenschaften:

Ein Objekt hat **erstens** einen internen Zustand, in dem sich die Geschichte des Objekts widerspiegelt. Der interne Zustand eines Objekts kann sich im Laufe seiner Lebensgeschichte durch Interaktion mit anderen Objekten ändern. Damit ein Objekt mit einem anderen in Interaktion treten kann, ist die **zweite** geforderte Eigenschaft, daß ein Objekt Nachrichten an andere Objekte verschicken kann und auch selbst Nachrichten empfangen und verstehen kann.

Erhält eine Objekt eine Nachricht, so kann es seinerseits Nachrichten an andere Objekte senden und seinen internen Zustand ändern. Die Reaktion eines Objekts hängt dabei nicht nur von der erhaltenen Nachricht, sondern auch von seinem internen Zustand ab. Der interne Zustand eines Objekts stellt die durch das Objekt gespeicherten Daten dar; die Verhaltensweisen, die durch den Empfang von Nachrichten ausgelöst werden können, stellen die auf den Daten möglichen Operationen dar. Im Sinne der objektorientierten Programmierung wird die Zusammenfassung von Daten und zugehörigen Operationen als Objekt bezeichnet.

Ein wichtiger Grundsatz der objektorientierten Programmierung ist, daß der interne Zustand eines Objekts nur über den Empfang von Nachrichten verändert oder abgefragt werden kann (Prinzip der Datenkapselung). Daten und Operationen liegen in der objektorientierten Programmierung dicht zusammen. Die isolierte Betrachtung eines begrenzten Teils des Gesamtsystems ist ausreichend, um Aussagen über dessen mögliches Verhalten zu machen. Die innere Struktur eines Objekts, d. h. die Realisierung des internen Zustands und der Operationen, ist nach außen nicht sichtbar (Prinzip der Abstraktion).

In der objektorientierten Programmierung wird dem naheliegenden Gedanken, Objekte mit potentiell gleichem Verhalten, d. h. Objekte, die gleiche Nachrichten verstehen und sich bei gleicher "Lebensgeschichte" identisch verhalten, in Klassen zusammenzufassen, Rechnung getragen. Die Beschreibung einer Klasse in einer objektorientierten Programmiersprache stellt einen Bauplan für eine potentiell unendliche Menge gleichartiger Objekte dar.

Komplexe Objekte (bspw. ein Haus) lassen sich aus einfacheren Objekten (Räume, Dach, Fundament) zusammensetzen. Diese Eigenschaft unterstützt die menschliche Vorgehensweise, bei der Realisierung komplexer Systeme zunächst die an das Gesamtsystem gestellten Anforderungen zu formulieren und sie abzusichern, indem Anforderungen an die einzelnen Komponenten des Gesamtsystems gestellt werden.

---

7   Cox, B.: Object-oriented Programming. Reading, MA, 1986.

Eine andere menschliche Vorgehensweise bei der Realisierung von Systemen ist es zu überprüfen, ob ähnliche Systeme bereits realisiert wurden, und diese Systeme ggf. in Richtung der gewünschten Eigenschaften abzuändern. In der objektorientierten Programmierung wird hier die Möglichkeit geboten, Klassen explizit als Unterklassen anderer Klassen zu definieren. Zwischen Oberklasse und Unterklasse wird das Prinzip der Vererbung angewendet: Eine Unterklasse erbt von ihren Oberklassen alle dort definierten Operationen und Daten, d. h. eine Unterklasse verfügt über sämtliche Fähigkeiten ihrer Oberklassen. Zusätzlich zu den ererbten Daten und Operationen können in einer Klasse neue Daten und Operationen definiert werden, d. h. die Unterklasse erweitert die Fähigkeiten ihrer Oberklassen. Es besteht jedoch auch die Möglichkeit, ererbte Operationen in ihren Eigenschaften zu verändern. Je nachdem, ob Vererbung von einer oder von mehreren Oberklassen zugelassen ist, spricht man von einfacher oder vielfacher Vererbung.

Weiterhin kann in objektorientierten Programmiersprachen ein und dieselbe Nachricht an verschiedene Objekte (aus unterschiedlichen Objektklassen) geschickt werden. Durch diese Möglichkeit kann in einem System mit verschiedenen Objekten gearbeitet werden, ohne daß die unterschiedlichen verarbeiteten Objektklassen bei der Konzeption des Systems explizit berücksichtigt werden müssen.

3.2   Objektorientierte Entwurfstechniken und Analyseverfahren

Der objektorientierten Programmierung muß ein Entwurf vorausgehen, der eine Gliederung des zu modellierenden Systems anhand der involvierten Objekte (und nicht anhand der durch das System auszuführenden Funktionen) vornimmt.

Klassische Entwurfsmethoden orientieren sich üblicherweise an den auszuführenden Funktionen. Dabei bildet eine globale Systemfunktion i. allg. den Ausgangspunkt der Betrachtung. Aufgrund der zu großen Komplexität der Systemfunktion findet eine Zerlegung in Teilfunktionen statt, die wiederum weiter zerlegt werden können (Top-Down-Methode[8]). Diese Zerlegung wird solange durchgeführt, bis ein Komplexitätsniveau erreicht ist, das die direkte Implementierung in der ausgewählten Programmiersprache zuläßt. Das Hauptproblem, das beim Top-Down-Entwurf auftritt, ist, vernünftige Kriterien für die Zerlegung von Funktionen anzugeben. Die Zerlegung insbesondere der Systemfunktion ist kritisch, da sie in der Anfangsphase der Entwicklung stattfindet und ihr Ergebnis damit maßgeblichen Einfluß auf die nachfolgenden Arbeiten hat. Erschwerend kommt hinzu, daß in der Anfangsphase der Kenntnisstand über das zu entwickelnde System am geringsten ist. Bei einer nicht zweckmäßigen Zerlegung kann es vorkommen, daß auf einer unteren Abstraktionsebene festgestellt wird, daß die Zerlegung auf einer höheren Abstraktionsebene fehlerhaft ist. Durch den eher zufälligen Charakter der Zerlegung wird die Wiederverwendbarkeit von Programmteilen und die Wartbarkeit eingeschränkt.

Der objektorientierte Entwurf wird von Meyer[9] definiert als "diejenige Methode, die zu Softwarearchitekturen führt, die auf den von jedem System oder Teilsystem bearbeiteten Objekten beruhen". Das Kernproblem des objektorientierten Entwurfs ist die Identifikation der zu bearbeitenden Objekte. Hier hat sich noch keine allgemein akzeptierte Methode herausgebildet. Eine einfache Methode besteht bspw. darin, alle Substantive aus dem Pflichtenheft zu extrahieren und die erhaltene Menge als Ausgangspunkt für die Benennung

---

8 Der Top-Down-Ansatz wird eingeführt in: Wirth, N.: Program Development by Stepwise Refinement. Communications of the ACM, 14(1971)4, S. 221 - 227.

9 Meyer, B.: Objektorientierte Softwareentwicklung. München-Wien 1990, S. 54.

der zu modellierenden Objekte zu nehmen. Die so erhaltene Objektmenge wird in der Regel zu viele verschiedene Objekte umfassen, so daß der Extraktion der Substantive weitere 'Schritte zur Eliminierung überflüssiger Objekte folgen müssen. Beim objektorientierten Entwurf finden jedoch auch Methoden und Modelle Verwendung, die ebenfalls in der konventionellen Systementwicklung erfolgreich eingesetzt werden. So ist z. B. das Entity-Relationship-Modell bereits in einigen Projekten erfolgreich bei der Identifizierung der im System vorhandenen Objekte angewendet worden.

Nach der Identifikation der Objekttypen wird im zweiten Schritt versucht, aus der Beschreibung des Pflichtenhefts Funktionen zu formalisieren und den Objekttypen zuzuordnen. Läßt sich eine Funktion keinem bestehenden Objekttyp zuordnen, so kann die Funktion eventuell in einfachere Teilfunktionen zerlegt werden, für die Zuordnungen möglich sind. Ist eine Zuordnung auch nach einer Zerlegung nicht möglich, so liegt ein Fehler bei der Objekttypbildung vor: Entweder wurden noch nicht alle für das System relevanten Objekttypen erfaßt, oder bereits erfaßte Objekttypen wurden zu speziell definiert. Man kann dann entweder neue Objekttypen bilden oder die Fähigkeiten bestehender Objekttypen erweitern.

Die durch Kombination von Objekttypen und Funktionen erhaltenen Klassen werden im folgenden Schritt weiterspezifiziert, wobei auf die Leistungen anderer Klassen zugegriffen werden kann. Als Ergebnis des Entwurfs ergibt sich die Spezifikation einer Reihe von Klassen, die miteinander über die Benutzung von Funktionen und Objekttypen in Beziehung stehen.

3.3 Objektorientierte Datenbanksysteme

Datenbanken sind ein weiterer Bereich, in dem von Objektorientiertheit die Rede ist. Mit objektorientierten Datenbanksystemen wird versucht, die Semantik von Daten umfassender, als dies mit konventionellen relationale Datenbanksystemen möglich ist, in der Datenbank darzustellen. Der konzeptionelle Datenbankentwurf geschieht in der Regel unter Verwendung von "semantischen Datenmodellen"[10] (z. B. Entity-Relationship-Modell). Ziel dieser semantischen Datenmodelle ist es, den zu modellierenden Umweltausschnitt auf möglichst einfache Art in eine formale Beschreibung überführen zu können. Dabei soll die Umsetzung von Objekten und Beziehungen der realen Welt möglichst direkt sein, d. h. jedem realen Objekt entspricht genau ein Objekt der formalen Beschreibung, und jeder realen Beziehung entspricht eine Beziehung in der formalen Beschreibung. Objekte der realen Welt sind im allgemeinen strukturiert, d. h. sie setzen sich aus Komponenten zusammen. Jede einzelne Komponente ist ein neues Objekt, das wiederum strukturiert sein kann. In konventionellen (relationalen) Datenbanksystemen lassen sich jedoch nur die datenmäßigen Abbildungen flacher Objekte direkt darstellen, d. h. die Datenobjekte dürfen nur einfache Attribute haben. Die Abspeicherung strukturierter Objekte in relationalen Datenbanksystemen erfordert es, Objekte solange in Teilobjekte zu zerlegen, bis alle Teilobjekte flache Strukturen besitzen. Die Information über das Ausgangsobjekt ist dann in der Datenbank über verschiedene Relationen verstreut und muß

---

10   Hull, R.; King, R.: Semantic Database Modeling: Survey, Applications, and Research Issues. ACM Computing Surveys, 20(1988)3, S. 201 - 260.

im Bedarfsfall über aufwendige Joins zurückgewonnen werden. Relationale Datenbanksysteme verwalten "quasi ein 'chaotisches' Datenlager"[11].

In objektorientierten Datenbanksystemen wird versucht, strukturierte Objekte nicht zu zerlegen. Die Notwendigkeit, Informationen aus mehreren Teilen der Datenbank zusammensuchen zu müssen, entfällt. Die Semantik des Objekt erschließt sich dem Anwender dadurch unmittelbar. Das Datenbankschema kann aus der Beschreibung des semantischen Datenmodells ohne umfangreiche Transformationen gewonnen werden.

Die Problematik der Zerlegung komplexer Objekte in relationalen Datenbanksystemen, die oft mit einem erheblichen Verlust an Semantik verbunden ist, tritt vorwiegend bei ingenieurwissenschaftlichen Anwendungen (z. B. CAD-Systemen) auf; es gibt jedoch auch betriebswirtschaftlich-administrative Anwendungen, z. B. die Verwaltung von Versicherungspolicen[12], die Merkmale aufweisen, die für den Einsatz objektorientierter Datenbanken sprechen.

3.4 Objektorientierte Benutzerschnittstellen

In jüngerer Zeit werden verstärkt Computersysteme und Anwendungsprogramme mit graphischen Benutzeroberflächen angeboten. Bei der Mehrzahl dieser Oberflächen werden dem Benutzer die innerhalb einer Anwendung verfügbaren Objekte in Form von graphischen Symbolen vor Augen geführt. Diese Benutzerschnittstellen werden daher häufig als objektorientierte Benutzerschnittstellen bezeichnet. Soll eine bestimmte Aktion ausgeführt werden, so werden zunächst die beteiligten Objekte ausgewählt (z. B. durch Anklicken mit einer Maus), und anschließend wird die gewünschte Aktion ausgelöst. Dies kann geschehen, indem die gewünschte Aktion aus einem Menue ausgewählt wird, das nach der Auswahl der Objekte erscheint, d. h. die ausgewählten Objekte teilen dem Benutzer mit, welche Aktionen durchgeführt werden können. So kann der Benutzer beispielsweise zunächst das Objekt 'Diskettenlaufwerk' auswählen und erhält als mögliche Aktionen 'öffnen' und 'formatieren'. Nach der Auswahl von 'öffnen' erscheinen auf dem Bildschirm Symbole für die auf der Diskette vorhandenen Programme und Dateien. Nach der Auswahl eines Programmsymbols erhält der Benutzer die Optionen 'ausführen' oder 'entfernen'.

In einigen Fällen kann ganz darauf verzichtet werden, die Aktion in verbaler Form vorzuschlagen. Soll bspw. eine Datei gedruckt werden, so wird die Aktion 'Transport der Datei vom Laufwerk zum Drucker' auf dem Bildschirm einfach dadurch vollzogen, daß ein Transport des Dateisymbols zum Druckersymbol stattfindet.

Objektorientierte grafische Benutzerschnittstellen sind für Neubenutzer und gelegentliche Benutzer sowie für Benutzer, die häufig mit verschiedenen Anwendungssystemen arbeiten müssen, eher geeignet als textorientierte Benutzeroberflächen, bei denen Aktionen über die Eingabe bestimmter Befehlsworte, die in erster Linie die durchzuführende Aktion selbst beschreiben, ausgelöst werden.[13]

Die Ausprägungen der Objektorientierung in der Gestaltung von Informationssystemen sind in Abbildung 3 zusammengefaßt.

---

11   Rother, G.: Objektorientierte DBMS - Hohe Schule der Logik. Diebold Management Report, (1990)8/9, S. 17 - 19, insbes. S. 17.

12   Dittrich, K. R.: Objektorientiert, aktiv, erweiterbar: Stand und Tendenzen der "nachrelationalen" Datenbanktechnologie. Informationstechnologie, 32(1990)5, S. 343 - 354, insbes. S. 344.

13   vgl. dazu die Untersuchung von Rohr, G.: USING VISUAL CONCEPTS. In: Visual Languages. Hrsg.: S. K. Chang, T. Ichikawa, P. A. Ligomenides. New York 1986, S. 325 - 348.

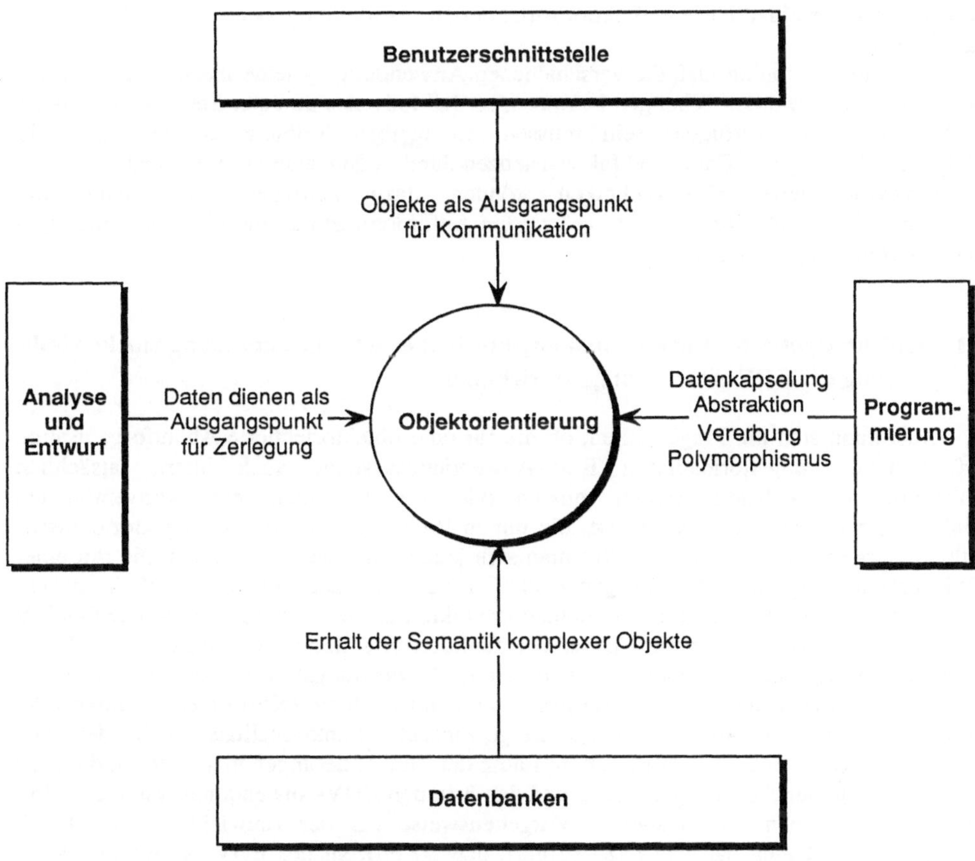

Abbildung 3: Ausprägungen der Objektorientierung in der EDV

4 Unterstützung der betrieblichen Objektorientierung durch Objektorientierung in der EDV

Bei einer objektorientierten Ablauforganisation ist die Struktur nicht an den anfallenden Aufgaben, sondern an den beteiligten Objekten orientiert. Die Unterstützung einer objekt-orientierten Ablauforganisation durch konventionelle EDV-Anwendungssysteme ist nur unter Schwierigkeiten möglich; sie würde bedeuten, daß an einem Arbeitsplatz Funktionen der unterschiedlichsten funktionsorientierten Anwendungssysteme zur Verfügung stehen müssen.

Sieht man davon ab, daß die verschiedenen Anwendungssysteme meistens zueinander inhomogene Hardwareumgebungen benutzen, so daß teilweise an einer Stelle verschiedene EDV-Arbeitsplätze verfügbar sein müssen, so bleiben Reibungsverluste durch die Mehrfacherfassung von Daten und Inkonsistenzen durch redundante Datenhaltung.

Objektorientierte EDV-Techniken können dazu beitragen, den durch die objektorientierte Ablauforganisation geänderten Anforderungen an die EDV-Anwendungssysteme Rechnung zu tragen.

4.1 Objektorientierter Entwurf und objektorientierte Programmierung zur Flexibilisierung der EDV-Anwendungsentwicklung

Man kann sich die Frage stellen, ob die für eine objektorientierte Ablauforganisation erforderlichen, objektorientierten EDV-Anwendungssysteme auch intern tatsächlich objektorientiert realisiert werden müssen oder ob hier nicht eine konventionelle, funktionsorientierte Vorgehensweise, die nur in Richtung Benutzer ein objektorientiertes Bild weitergibt, ausreichend ist. Führt man sich jedoch die Ziele vor Augen, die mit einer Objektorientierung der Ablauforganisation erreicht werden sollen, nämlich höhere Flexibilität, kürzere Reaktionszeiten, höhere Produktivität des Betriebes und höhere Qualität der erstellten Produkte, so sind diese bei funktionsorientierter Realisierung der EDV-Systeme nur begrenzt erreichbar. Für die durch die Anwendungssysteme zu unterstützenden Prozesse ist es zwar unwesentlich, ob die Anwendungssysteme selbst objektorientiert oder konventionell realisiert werden, solange die gewünschten Funktionalitäten vorhanden sind. Das Umfeld eines Betriebes ist jedoch im Laufe der Zeit Änderungen unterworfen, die auch Änderungen in der Ablauforganisation und damit in den EDV-Anwendungssystemen selbst erforderlich machen. Die bisherige Vorgehensweise bei der Entwicklung von EDV-Anwendungssystemen hat aber dazu geführt, daß 80 Prozent des EDV-Gesamtaufwandes für die Wartung bestehender Programme notwendig sind. Der Anwendungsstau, der seine Ursache auch darin hat, daß nur 20 Prozent für tatsächliche Neuentwicklungen zur Verfügung stehen, führt dazu, daß nicht alle Unternehmensbereiche in der gewünschten Form durch EDV-Anwendungssysteme unterstützt werden. Die konsequente Verbesserung des Informationsflusses im Unternehmen bildet jedoch eine Grundlage zur Erreichung der oben genannten Ziele. Die objektorientierte Vorgehensweise bietet hier die Chance, den Aufwand für Wartung und Neuerstellung zu verringern: Durch die Nähe der einzelnen Funktionen, die ein Objekt betreffen, lassen sich Funktionsänderungen und Erweiterungen einfacher durchführen; die Einarbeitungszeit bei späteren Änderungen fällt geringer aus, da die Semantik der einzelnen Funktionen schneller erfaßt werden kann. Der Aufwand für die Neuerstellung von Systemen kann ebenfalls vermindert werden, wenn bei der Realisierung der Klassen konsequent darauf geachtet wird, die spätere Wiederverwendung zu erleichtern. Dies kann soweit gehen, daß neue Systeme zu großen Teilen aus bereits realisierten Klassen "zusammengesteckt" werden.

Nicht zuletzt kann die betriebliche Ablaufstruktur selbst durch einen objektorientierten Entwurf der EDV-Anwendungssysteme verbessert werden: Falls im Laufe des Entwicklungsprozesses entdeckt wird, daß ähnliche Objekte an bislang verschiedenen Stellen bearbeitet werden, so kann diese Entdeckung Ausgangspunkt einer betrieblichen Umorganisation sein.

4.2 Relationale oder objektorientierte Datenbanksysteme?

Ein Problem, das sich für die EDV sowohl bei funktionsorientierter als auch bei objektorientierter Ablauforganisation stellt, ist das der verteilten Datenhaltung. Unternehmensbereiche können geographisch und strukturell so verteilt sein, daß der Zugriff auf eine gemeinsame (nicht verteilte) Datenbasis nicht möglich ist. Trotzdem muß ein Datenaustausch zwischen den einzelnen Unternehmensbereichen möglich sein. Bei verteilten Datenbanken wird ein hoher Anteil der verwendeten Ressourcen für Kommunikationsaufwand der einzelnen, lokalen Datenbasen untereinander benötigt. Der Kommunikationsaufwand ist umso höher, je öfter Datenbankanfragen nicht aus der eigenen, lokalen Datenbasis befriedigt werden können und ein Zugriff auf nicht-lokale Datenbasen notwendig wird. Die redundante Haltung aller Daten in allen Datenbasen bietet keine wirkliche Alternative, da hier ein hoher Kommunikationsaufwand für die Aktualisierung der einzelnen Datenbasen entsteht. Dieser kann nur dadurch vermindert werden, daß die Verteilung der Daten so erfolgt, daß ein Großteil der Anfragen lokal bearbeitet werden kann, ohne daß die Redundanz zwischen den Datenbasen zu hoch wird.

Eine Funktionsorientierung bringt es mit sich, daß die betrieblichen Anwendungssysteme der einzelnen Unternehmensbereiche Daten aus verschiedenen anderen Bereichen benötigen. Über die Anwendungssysteme besteht eine hohe Abhängigkeit der einzelnen Daten untereinander. Es ist daher schwierig, eine Verteilung der Daten auf die lokalen Datenbasen zu finden, die den Kommunikationsaufwand minimiert.

Bei einer objektorientierten Ablauforganisation, die durch objektorientierte EDV-Anwendungssysteme unterstützt wird, ist die Zahl der unterschiedlichen Objekte, die von einer Stelle bearbeitet werden, gering. Weiterhin existieren nur geringe Überschneidungen zu den Objekten, die von anderen Stellen bearbeitet werden, da es ein Kennzeichen der objektorientierten Ablauforganisation ist, daß alle Funktionen, die ein Objekt betreffen, an einer Stelle konzentriert sind. Eine Aufteilung der Daten auf die lokalen Datenbasen, die den Datenaustausch mit anderen Datenbasen minimiert, wird durch objektorientierte Anwendungssysteme also begünstigt.

Für das (objektorientierte) Anwendungssystem ist es letztendlich egal, ob die benötigten Daten in einer konventionellen (relationalen) oder in einer objektorientierten Datenbank abgelegt werden. Eine objektorientierte Datenbank bietet hier den Vorteil einer "natürlichen Erweiterung" eines objektorientierten Systems, während bei der Kooperation von relationaler Datenbank und objektorientiertem Programm gewisse Reibungsverluste, bedingt durch unterschiedliche Arten der Objektablage, auftreten können. Relationale Datenbanksysteme haben jedoch eine fundierte theoretische Grundlage und einen größeren Reifungs- und Standardisierungsgrad erreicht. Die mögliche Einbuße von Performance durch Reibungsverluste wird unter der Bedingung, daß die abzulegenden Objekte nicht zu komplex sind, durch die generell höhere Performance und Ausgereiftheit von relationalen Datenbanksystemen mehr als wettgemacht. Sind im Unternehmen nur wenige Anwendungssysteme vorhanden, die Objekte mit komplexer Struktur verarbeiten, so ist der Einsatz eines relationalen Datenbanksystems die bessere Wahl.

4.3   Bewältigung der Funktionsvielfalt durch objektorientierte Benutzerschnittstellen

EDV-Anwendungssysteme, die eine objektorientierte Ablauforganisation unterstützen sollen, müssen ihren Benutzern ein objektorientiertes Bild des Betriebsablaufs vermitteln. Das bedeutet, daß dem Benutzer nach der Auswahl der zu bearbeitenden Objekte alle auf diesen Objekten möglichen Funktionen in einheitlicher Weise zugänglich gemacht werden. Eine funktionsorientierte Benutzerschnittstelle erlaubt dem Benutzer nach Auswahl einer Funktion zwar, diese Funktion auf unterschiedlichen Objekten auszuführen, erfordert in einer objektorientierten Ablauforganisation jedoch ständig die Neuauswahl von Funktionen und anschließende Eingabe der involvierten Objekte. Nur über eine objektorientierte graphische Benutzeroberfläche kann die Objektorientierung in der Ablauforganisation ohne Transformationsprozesse durch den Benutzer wirkungsvoll durch EDV-Anwendungssysteme unterstützt werden.

Aufgrund der größeren Anzahl von Funktionen, die ein Benutzer in einer objektorientierten Ablauforganisation auf einer kleineren Menge von verschiedenen Objekten ausführen muß, es es wichtig, dem Benutzer den jeweiligen Zustand der Objekte und die nächsten möglichen Prozeßschritte sichtbar machen muß. Durch objektorientierte Benutzeroberflächen, die diese Informationen in graphischer Form darstellen, kann hier eine Entlastung des Benutzers stattfinden.

5   Objektorientierung - eine einheitliche Sichtweise?

Die herkömmliche Ablauforganisation eines Betriebes ist an der Struktur der innerhalb des Betriebes anfallenden Aufgaben orientiert. Die einzelnen Betriebsabteilungen nehmen ihre Aufgaben jeweils für den Gesamtbetrieb war. Durch die starke Konzentration geht für den Einzelnen die Übersicht über den betrieblichen Gesamtprozeß verloren. Die betrieblichen EDV-Anwendungssysteme dienen der Unterstützung der einzelnen Abteilungen und vollziehen damit die Spezialisierung auf bestimmte Aufgaben nach. Analog zum Materialfluß durch das Unternehmen vom Einkauf zum Vertrieb durchlaufen die zugehörigen Daten die zu den jeweiligen Abteilungen gehörenden Anwendungssysteme. Im allgemeinen sind diese Systeme nicht integriert, so daß es zu Reibungsverlusten und Inkonsistenzen bei der Weitergabe von Daten kommt. Eine Integration der bestehenden funktionsorientierten Anwendungssysteme ist aufgrund der komplexen Abhängigkeiten nur sehr schwer zu realisieren.

Die Objektorientierung der Ablauforganisation stellt einen Versuch dar, den Betrieb flexibler bei Änderungen seines Umfelds zu machen. Um die Objektorientierung zu unterstützen, muß den Mitarbeitern durch die jeweiligen EDV-Anwendungssysteme ein adäquates Bild des Betriebsablaufs vermittelt werden. Der Einsatz **objektorientierter Benutzeroberflächen** ist dringend zu empfehlen, da funktionsorientierte Benutzeroberflächen eine Orientierung der Mitarbeiter an den durchzuführenden Funktionen voraussetzen. Da sich die Ablauforganisation an Objekten orientiert, sollten die EDV-Anwendungssysteme die Objektorientierung nachvollziehen.

Erst die Integration der verschiedenen EDV-Anwendungssysteme kann - selbst wenn eine objektorientierte Ablauforganisation gegeben ist - zu kürzeren Reaktionszeiten und einer höheren Produktivität führen. Damit eine effektive Integration von EDV-

Anwendungssystemen aus verschiedenen Bereichen möglich wird, muß darauf Wert gelegt werden, daß zwischen den einzelnen Bereichen möglichst schmale Schnittstellen bestehen. In der Ablauforganisation werden diese schmalen Schnittstellen durch die Objektorientierung erreicht. Um in den EDV-Anwendungssystemen schmale Schnittstellen realisieren zu können, sollte man sie auf der Basis von Objekten, also objektorientiert, entwerfen. **Objektorientierte Entwurfstechniken und Analyseverfahren** unterstützen also die Fokussierung auf die in der Organisation zu den Objekten gehörenden Funktionen.

Bei der Realisierung der Anwendungssysteme ist sowohl ein Rückgriff auf konventionelle Techniken möglich (konventionelle **Programmiersprachen** und relationale **Datenbanksysteme**) als auch die Realisierung durch objektorientierte Techniken. Eine Implementierung der Anwendungssysteme in einer objektorientierten Programmiersprache bietet eine größere Flexibilität bei späteren Anpassungen und Erweiterungen. Konventionelle Programmiersprachen sind dagegen ausgereifter, was auch für relationale Datenbanken zutrifft, die darüber hinaus den Vorteil einer theoretischen Fundierung aufweisen.

Um die Vorteile einer organisatorischen Objektorientierung zu nutzen, müssen die EDV-Anwendungssysteme objektorientierte Sichten auf den Betriebsablauf erlauben. Die interne Realisierung der Anwendungssysteme ist jedoch sowohl objektorientiert als auch konventionell möglich.

Literaturverzeichnis

Cox, B.:
>   Object-oriented Programming. Reading, MA, 1986.

Dittrich, K. R.:
>   Objektorientiert, aktiv, erweiterbar: Stand und Tendenzen der "nachrelationalen" Datenbanktechnologie. Informationstechnologie, 32(1990)5, S. 343 - 354.

Goldberg, A.; Robson, D.:
>   Smalltalk-80: The Language and its Implementation. Reading, MA, 1983.

Hull, R.; King, R.:
>   Semantic Database Modeling: Survey, Applications, and Research Issues. ACM Computing Surveys, 20(1988)3, S. 201 - 260.

Kosiol, E.:
>   Aufgabenanalyse. In: Handwörterbuch der Organisation. Hrsg.: E. Grochla. 2. Aufl., Stuttgart 1980, Sp. 203 ff.

Meyer, B.:
>   Objektorientierte Softwareentwicklung. München-Wien 1990.

Nygaard, K.; Dahl, O.-J.:
>   Development of the Simula Language. In: History of Programming Languages. Hrsg.: R. W. Wexelblatt. New York 1981, S. 439 - 480.

Rohr, G.:
>   USING VISUAL CONCEPTS. In: Visual Languages. Hrsg.: S. K. Chang, T. Ichikawa, P. A. Ligomenides. New York 1986, S. 325-348.

Rother, G.:

    Objektorientierte DBMS - Hohe Schule der Logik. Diebold Management Report, (1990)8/9, S. 17 - 19.

Ruffing, T.:

    Fertigungssteuerung bei Fertigungsinseln. (Neue Formen der Arbeitsorganisation. Hrsg.: Ausschuß für Wirtschaftliche Fertigung. Köln 1991.

Scheer, A.-W.:

    CIM - Computer Integrated Manufacturing. Der computergesteuerte Industriebetrieb. 4. Aufl., Berlin u. a. 1990.

Scheer, A.-W.:

    EDV-orientierte Betriebswirtschaftslehre. 4. Aufl., Berlin u. a. 1990.

Wirth, N.:

    Program Development by Stepwise Refinement. Communications of the ACM, 14(1971)4, S. 221 - 227.

Veröffentlichungen und Herausgebertätigkeiten von Prof. Dr. August-Wilhelm Scheer

1 Veröffentlichungen (Auszug)

1.1 Lehrbücher

EDV-orientierte Betriebswirtschaftslehre.
Springer-Verlag, Berlin-Heidelberg-New York-Tokyo,
1. Aufl. 1984, 270 S., 2. Aufl. 1985, 270 S., 3. Aufl. 1987, 272 S., 4. Aufl. 1990, 327 S.

Computer: A Challenge for Business Administration.
Springer-Verlag, Berlin-Heidelberg-New York-Tokyo 1985, 256 S.

CIM - Der computergesteuerte Industriebetrieb.
Springer-Verlag, Berlin-Heidelberg-New York-London-Paris-Tokyo,
1. und 2. Aufl. 1987, 207 S., 3. Aufl. 1988, 212 S., 4. Aufl. 1990, 293 S.

CIM - Towards the Factory of the Future.
Springer-Verlag, Berlin-Heidelberg-New York-London-Paris-Tokyo,
2. Aufl. 1991, 287 S.

Wirtschaftsinformatik - Informationssysteme im Industriebetrieb.
Springer-Verlag, Berlin-Heidelberg-New York-London-Paris-Tokyo,
1. und 2. Aufl. 1988, 638 S., 3. Aufl. 1990, 603 S.
Enterprise wide Data Modelling - Information Systems in Industry.
Springer-Verlag, Berlin-Heidelberg-New York-London-Paris-Tokyo-Hong Kong 1989, 605 S.

Übungsbuch Wirtschaftsinformatik, Springer-Verlag, Berlin-Heidelberg-New York-London-Paris-Tokyo-Hong Kong 1991, 196 S.
(unter Mitarbeit von Christian Kruse, Jutta Michely, Michael Zell).

Architektur integrierter Informationssysteme, Springer-Verlag, Berlin-Heidelberg-New York-London-Paris-Tokyo-Hong Kong-Barcelona-Budapest 1991, 210 S.

Principles of Efficient Information Management.
Springer-Verlag (in Vorbereitung).

Fertigungssteuerung - Expertenwissen für die Praxis, Oldenbourg Verlag (in Vorbereitung).

1.2 Aufsätze

Kriterien für die Aufgabenverteilung in Mikro-Mainframe-Anwendungssystemen, Veröffentlichungen des Instituts für Wirtschaftsinformatik, 1985, Nr. 48, 133 S.

Wirtschaftlichkeitsfaktoren EDV-orientierter betriebswirtschaftlicher Problemlösungen, in: Ballwieser, W., Berger, K.-H. (Hrsg.), Information und Wirtschaftlichkeit, wissenschaftl. Tagung des Verbandes der Hochschullehrer für Betriebswirtschaft e. V. an der Universität Hannover 1985, Gabler Verlag, Wiesbaden 1985, S. 89 - 114.
Auch veröffentlicht unter demselben Titel in: Veröffentlichungen des Instituts für Wirtschaftsinformatik, 1985, Nr. 49.

Vorgehensweise und Möglichkeiten zur Realisierung eines CIM-Konzeptes unter Berücksichtigung vorhandener EDV-Instrumente, in: AWF (Hrsg.), PPS 85, Kongreß in Böblingen, 6. - 8.11.1985, 18 S.

Einführung von Vorkalkulationen in CAD-Systemen, in: Kilger, W., Scheer, A.-W. (Hrsg.), Rechnungswesen und EDV, Physica-Verlag, Würzburg-Wien 1985, S. 241 - 273. Auch veröffentlicht unter dem Titel: Konstruktionsbegleitende Kalkulation in CIM-Systemen, Veröffentlichungen des Instituts für Wirtschaftsinformatik, 1985, Nr. 50.

Informatikelemente in der Lehre außerhalb des Fachbereichs Informatik, in: Ministerium für Bildung und Wissenschaften (Hrsg.), Informatik, Fachtagung am 19. u. 20.11.1984 in Bonn, Band Nr. 21, Bock Verlag, Bad Honnef 1985, S. 86 - 94.

Criteria for Task Allocation in Micro-Mainframe Applications, in: New York University (Hrsg.), Manager, Micros and Mainframe: Integrating Systems for End Users. Proceedings des NYU Symposiums in New York, 22. - 24.05.1985, Ablax-Verlag, und in: university of saarland (Hrsg.), discussion papers, department of economics, 1985, Nr. B 8501.

Neue Anforderungen an Standard-Software durch die Integration von Workstations (Personal Computer), in: Proceedings, Compas '85, Standard Software, Berlin 10. - 13. Dez., VDE-Verlag, S. 459 - 474.

Planung der Einführung des Personal Computing, in: Strunz, H. (Hrsg.), Planung in der Datenverarbeitung, Proceedings der Informations- und Fachtagung für das DV-Management, Bonn-Bad Godesberg vom 15. - 17.05.1984, Springer-Verlag, Berlin-Heidelberg-New York 1985, S. 112 - 131.

Die Fabrik der Zukunft. Rationalisierungschancen durch integrierte Informationssysteme, in: Saarwirtschaft, 1985, Nr. 4, Vortrag bei der "Zentrale für Produktivität und Technologie Saar" (ZPT).

Vorschau 1986: DV muß sich von verkrusteten Strukturen lösen (Jahresüberblick 85/Ausblick 86), in: Computerwoche, 1985, Nr. 51/52, S. 7 - 8.

Produktionsplanung und -steuerung - Microcomputer in PPS-Systemen, in: Industrieanzeiger, 107. Jg., 1985, Nr. 76, S. 26 - 29.

Strategische Bedeutung von CIM, in: Computerzeitung, 17. Jg., 1985, Nr. 23, S. 22 - 24.

Die neuen Anforderungen an PPS-Systeme, in: CIM-Management, 1985, Nr. 4, S. 32 - 36.

Integrierter EDV-Einsatz beim Planen, Konstruieren, Steuern und Fertigen, in: Schweizer Maschinenmarkt, 1985, Nr. 39, S. 34 - 38.

PC-Einführungsstrategie, Teil 1. Benutzergruppen und typische Anwendungen, in: PC-Magazin, 1985, Nr. 9, S. 46 - 49.

PC-Einführungsstrategie, Teil 2. Der PC als Element des Personal Computing, in: PC-Magazin, 1985, Nr. 10, S. 58 - 62.

PC-Einführungsstrategie, Teil 3. Der Personal Computer als Mittel zur Integration, in: PC-Magazin, 1985, Nr. 11, S. 44 - 46.

PC-Einführungsstrategie, Teil 4. Pragmatischer Strategie-Ansatz, in: PC-Magazin, 1985, Nr. 12, S. 60 - 64.

Data Communications between Production Planning and Control Systems and Computer Aided Design/Computer Aided Manufacturing, in: Bullinger, H.-J., Warnecke, H. J. (Hrsg.), Toward the Factory of the Future, Springer-Verlag, Berlin-Heidelberg-New York-Tokyo 1985, S. 351 - 356.

Marketing-Informationssysteme in der Konsumgüterindustrie, in: Thexis, 2. Jg., 1985, Nr. 3, S. 3 - 11 (zusammen mit R. Brombacher)

Computer Integrated Manufacturing: Qualität statt Quantität (Interview), in: Computerwoche, 1985, Nr. 46, S. 50 - 53.

Der Informationsmanager zwischen Integrations-, Isolations-, Zentralisierungs- und Dezentralisierungs-Tendenzen, in: Computer Magazin, 14. Jg., 1985, S. 6 - 10.

Kommunikationssoftware, zentral-orientierte Software und dezentral-orientierte stören Mikro-Mainframe-Connection: Neue Konzeption der Anwendungen erforderlich, in: Computerwoche, 1985, S. 26 - 27.

Informationen über Leistungen und Einsatzmöglichkeiten von Personal Computern, in: Personalführung, DGFP, 1985, Nr. 4, S. 122 - 126.

Aufgaben zwischen Mikro und Mainframe verteilen, in: Online, 1985, Nr. 9, S. 60 - 66.

Strategie zur Einführung von Personal Computern, 1. Teil, in: Löhn (Hrsg.), Der Innovationsberater, 1985, 4. Jg., Heft 3, S. 801 - 818, 2. Teil, in: Löhn (Hrsg.), Der Innovationsberater, 1985, 4. Jg., Heft 4, S. 819 - 826.

Verspielt die DV ihre Wirtschaftlichkeit? in: Computerwoche, 1985, Nr. 23, S. 8.

Diplom-Wirtschaftsinformatiker/Diplom-Wirtschaftsinformatikerin   (Dipl.-Kfm./Dipl.-Kauffrau mit Schwerpunkt Wirtschaftsinformatik), in: Bundesanstalt für Arbeit, Nürnberg (Hrsg.), Blätter zur Berufskunde, Band 3-3-IA03, N. Bertelsmann Verlag Bielefeld, 1986, 62 S. (zusammen mit H. Krcmar, H. Kruppke)

Strategie zur Entwicklung eines CIM-Konzeptes, in: Information Management, 1986, Nr. 1, S. 50 - 56.

Organisatorische Entscheidungen bei der CIM-Implementierung, in: CIM-Management, 1986, Nr. 2, S. 14 - 20.

Strukturwandel an der Saar, Repräsentant zur Podiumsdiskussion der Fachtagung des Landesverbandes des Wirtschaftsrates der CDU e. V. in Saarbrücken, in: TREND, Zeitschrift für soziale Marktwirtschaft, 1986, Nr. 26, S. 78 - 80.

Datenbanken in der Betriebswirtschaftslehre, in: IBM (Hrsg.), Technisch-Wissenschaftliche Informationsverarbeitung in Hochschulen, Forschung und Industrie, Düsseldorf 1986, Vortrag beim IBM-Kongreß '86 in Düsseldorf am 16./17.07.1986, Referat 41.

CIM-Voraussetzungen, Komponenten, Strukturen, in: Proceedings der Stuttgarter Informatik-Tage 1986, 24. S., Vortrag bei den Stuttgarter Informatik-Tagen der Firma Nixdorf Computer AG in Böblingen, April 1986.
Auch veröffentlicht unter dem Titel: Strategie zur Entwicklung eines CIM-Konzeptes, Organisatorische Entscheidungen bei der CIM-Implementierung, Veröffentlichungen des Instituts für Wirtschaftsinformatik, 1986, Nr. 51, 24 S.

Ideal ist der Absolvent mit der Mehrfachqualifikation (Interview), in: Computerwoche, Uni Service, 1986, Ausgabe 1986/87, S. 24 - 25.

Man hat den Mund gespitzt ... jetzt muß auch gepfiffen werden (Interview), in: Computerwoche, 13. Jg., 1986, Nr. 43, S. 68 - 73.

Organisatorische und technologische Aspekte der CAD/CAM/CIM-Systeme, in: Remmele, W., Sommer, M. (Hrsg.), Berichte "Arbeitsplätze morgen", Bd. 27, S. 34 - 51, B. G. Teubner, Stuttgart 1986, Vortrag zur Tagung II/1986 und Tutorial des German Chapter of the ACM vom 10. - 14.03.1986.

Rechnerverbund steigert Leistung. Verknüpfung von Computern und Datenbanken nur in Stufen wirtschaftlich zu realisieren, in: Maschinenmarkt, 1986, Nr. 14, S. 34 - 38.

CIM - ein Pilotprojekt, in: MEGA - CIM-Magazin, 1. Jg., 1986, Nr. 2, S. 46 - 49.

Strategie zur Entwicklung eines CIM-Konzeptes, in: campus, 16. Jg., 1986, Nr. 2, S. 6 - 7.

Realisierungsstrategie für CIM-Konzepte, in: Technische Rundschau, 78. Jg., 1986, S. 148 - 155.

Das CIM-Konzept - Neue Architektur für PPS-Systeme - Strategie zur Entwicklung eines CIM-Konzeptes - Organisatorische Entscheidungen bei der Implementierung, in: Symposium-Band für Halbwerkzeuge 1986, S. 8 - 46, Vortrag anläßlich des 1. Alusuisse Automations-Symposiums der Schweizerischen Aluminium AG am 12./13. Juni 1986 im Schulungszentrum Höfli, Neuhausen.

Entscheidungs-Unterstützungs-Systeme, in: FORUM - Data General, 1986, Nr. 5, S. 11 - 17.

Neue Architektur für PPS-Systeme, in: Computer Magazin, 15. Jg., 1986, Nr. 7/8, S. 43 - 44.
Auch veröffentlicht unter demselben Titel in: IBM (Hrsg.), IBM-Dokumentation INSTITUT '86, S. 41, Vortrag anläßlich der IBM-Institute '86 am 15.05.86 in Mainz und am 04.06.86 in Düsseldorf.

Neue Architektur für EDV-Systeme zur Produktionsplanung und -steuerung, Veröffentlichungen des Instituts für Wirtschaftsinformatik, 1986, Nr. 53, 37 S.

CIM = Computer Integrated Manufacturing ein Konzept, das die Industriezukunft verändern wird (Interview) in: Philips Kommunikations Journal, 1986, Nr. 16, S. 12 - 13.

CIM erfordert zielorientiertes und interdisziplinäres Zusammenwirken, CIM-Arbeitsgruppen im Projektmanagement, in: AWF (Hrsg.), PPS 86, Kongreß in Böblingen, 5. - 7.11.1986, Eschborn 1986, 6 S.

Möglichkeiten zur Realisierung eines CIM-Konzeptes unter Berücksichtigung vorhandener EDV-Instrumente, in: Planung und Produktion, 34. Jg., 1986, Nr. 10, S. 11 - 13.

CIM-Chance oder Chaos im Mittelbetrieb, in: Proceedings zum Management-Meeting MP 86, Vortrag bei der Firma markwart polzer am 11.11.1986 in Fellbach, 27 S.

Cost-Estimation in the Design Process within a CIM-Systems Environment, in: Kugler, H.-J. (ed.), Information Processing 1986, Elsevier Science Publishers B. V. (North-Holland), S. 441 - 445, Vortrag zum 10. Welt-Computer-Kongreß, IFIP Congress '86 vom 1.9. - 5.9.1986 in Dublin.

CIM kann man noch nicht kaufen, in: die computer zeitung, 18. Jg. 1986, Nr. 26, S. 5.

Anforderungen an die Datenverwaltung für die Kostenträgerrechnung, in: Kilger, W., Scheer, A.-W. (Hrsg.), Rechnungswesen und EDV, Physica-Verlag, Heidelberg 1986, S. 149 - 169 (zusammen mit J. Ahlers).

CIM und seine Konsequenzen im neuen Jahr, in: Computerwoche-Extra, 13. Jg., 1986, Nr. 51/52, S. 48 - 49.

Ausblick: Fragen zum CIM-Buch, in: Weber, W. (Hrsg.), TK II Betriebswirtschaftslehre, TR-Verlagsunion München 1987, S. 95 - 96.

System zur konstruktionsbegleitenden Konstruktion im Rahmen des Computer Aided Design (CAD) aus betriebswirtschaftlicher Sicht, in: VDI-Berichte, 1987, Nr. 651, S. 33 - 48 (zusammen mit J. Ahlers, L. Gröner, M. Karst).

Die Bedeutung "I" bei CIM, in: Siemens Zeitschrift SAVE aktuell, 1987, Nr. 1 (Ausgabe April), S. 3 - 8.

CIM-Ausbildungsplan, in: Computerwoche-Extra, 14. Jg., 1987, Nr. 7, S. 65.
Auch veröffentlicht in: Computerwoche Uni-Service, Ausgabe 1987/88, S. 46.

Realisiertes CIM-Konzept, in: CAE Journal, 1987, Nr. 1 (Ausgabe Jan./Feb.), S. 61 - 62.

EDV-Anwendungen im Produktionsbereich - Stand und Entwicklungstendenzen, in: Huch, B., Stahlknecht, P. (Hrsg.), EDV-Anwendungen im Unternehmen, Blick durch die Wirtschaft, Frankfurt 1987, S. 25 - 39.

EDV-Anwendungen im Unternehmen (II) - Das Ziel ist klar, doch der Weg dorthin ist unbekannt. Informatik in der Produktion: CAD, CAM und CIM, in: Blick durch die Wirtschaft, 30. Jg., 1987, Nr. 10, S. 3.

Mit Kontaktstadium bereit für CAI, in: Siemens Magazin COM, 22. Jg., 1987, Nr. 2 (Ausgabe März/April), S. 8 - 9.

IWi: Die Aufgabe: Beitrag zum Transfer zwischen Wissenschaft und Praxis, in: Campus Sonderausgabe, 17. Jg., I/87 (Ausgabe April 1987), S. 2.
Auch veröffentlicht in: IBM-Anwendungsbrief, 1987, Nr. 8 (Ausgabe März), 10 S.

CIM hat wesentliche Auswirkungen auf die Zulieferer-Industrie, in: ihk Saarwirtschaft, 43. Jg., 1987, Nr. 3, S. 159, Vortrag bei der Zentrale für Produktivität und Technologie Saar e. V. (ZPT) am 17.02.1987 in Saarbrücken.

CIM-Ausbildungskonzeption, in: Nixdorf-Magazin CIM-Report, März 1987, S. 43.

Betriebsübergreifende Vorgangsketten durch Vernetzung der Informationsverarbeitung, in: Information Management, 1987, Nr. 3, S. 56 - 63.

CIM-Strategien ein Ping-Pong-Spiel (Interview); in: Computer Magazin, 16. Jg., 1987, Nr. 4, S. 38 - 42.

Wozu EDV-Orientierung der Betriebswirtschaftslehre? in: ZfB, 57. Jg., 1987, Nr. 5/6, S. 588 - 590.

CIM-Paketlösungen für den Mittelstand, in: Sammelband Anwendungskongreß 87, Industrie und Technik, Vortrag bei der IBM-Garmisch am 21. - 23.10.1987, 14 S.

Neue Architektur für EDV-Systeme zur Produktionsplanung und -steuerung, in: Adam, D. (Hrsg.), Neue Entwicklungen in der Produktions- und Investitionspolitik (Beitrag zur Festschrift Prof. Jacob, Münster), Gabler Verlag, Wiesbaden 1987, S. 153 - 176.

Fabrik in der Fabrik - Fertigungsinseln im PPS-System, in: Technische Rundschau, 79. Jg., 1987, Nr. 41, S. 28 - 32, Vortrag zum TR-Kongreß am 25./26.06.1987 in Bern.

Interview über CIM, in: Online, 1987, Nr. 10, S. 46 - 48.

Auch in den USA ist CIM mehr als CAD-CAM, in: Computerwoche, 14. Jg., 1987, Nr. 49, S. 53 - 55 und 70.

Wirtschaftliche und Technische Risiken, in: Gabler Magazin, 1987, Nr. 12, S. 22 - 25.

In Zukunft sind Allround-Könner gefragt, in: Computerwoche, 15. Jg., 1988, Nr. 14, S. 42.

CIM - eine Herausforderung für den Mittelstand, Vortrag zur CIM-Fachtagung am 24./25.02.1988 in Saarbrücken, in: Scheer, A.-W. (Hrsg.), Computer Integrated Manufacturing, Springer-Verlag, Berlin-Heidelberg-New York-London-Paris-Tokyo 1988, S. 1 - 16.

Entwurf eines Unternehmensdatenmodells, in: Information Management, 3. Jg., 1988, Nr. 1, S. 14 - 23.

Auch in den USA ist CIM mehr als CAD/CAM. Die CIM-Anstrengungen der IBM in den USA, in: Computerwoche, 15. Jg., 1988, Nr. 6, S. 39 - 43.

Computer-Oriented Business Administration, in: Economia Aziendale, Vol. VII, Nr. 1, April 1988, S. 73 - 95.

Datenschnittstellen in der Kosten- und Leistungsrechnung, in: Scheer, A.-W. (Hrsg.), Grenzplankostenrechnung, Gabler Verlag Wiesbaden 1988, S. 179 - 205.

Auskunftsbereit. Struktur einer Datenbank zur Fertigungssteuerung beeinflußt Flexibilität gegenüber Änderungen, in: Maschinenmarkt, 1988, Nr. 39, S. 48 - 51.

Neue Konzepte durch organisatorische Dezentralisierung, in: Computer Magazin, 17. Jg., 1988, Nr. 4, S. 43 - 45.

DB-Entwurf als Grundstein der Implementierung: Die divergierenden Ziele vereinen, in: Computerwoche, 15. Jg., 1988, Nr. 19, S. 45 - 47.

Die Märkte werden neu verteilt (Interview), in: CIM-Report, April 1988, S. 18 - 24.

Stand und Entwicklungstendenzen der CIM-Implementierung, in: Proceedings zur 8. IAO-Arbeitstagung "Produktionsforum '88" vom 04.-05.05.1988 in Stuttgart, S. 343 - 365.
Auch veröffentlicht unter demselben Titel in: Planung & Produktion, 36. Jg., 1988, Nr. 7/8, S. 10 - 18.

CIM - Der computergesteuerte Industriebetrieb. Nur eine Laborvision oder Realität, in: ANNALES (Uni-Forschungsmagazin), 1988, Nr. 1, S. 38 - 44.

Enterprise wide Data Model (EDM) as a Basis for Integrated Information Systems, Veröffentlichungen des Instituts für Wirtschaftsinformatik, 1988, Nr. 56, 27 S.

Auch in der Forschung anwenderorientiert, in: Gabler's Magazin, 1988, Nr. 6, S. 9.

Von CIM zum Unternehmensdatenmodell, in: AWF (Hrsg.), PPS 88, Eschborn 1988, S. 429 - 447 (Vortrag am 04.11.1988 in Böblingen).
Auch veröffentlicht unter demselben Titel in: Technische Rundschau, 80. Jg., 1988, Nr. 20, S. 64 - 71.

Unternehmensdatenmodell (UDM) als Grundlage des Entwurfs integrierter Informationssysteme, in: IBM (Hrsg.), Wissenschaftliches Forum '88, München 1988, Vortrag Nr. 39, 14 S.
Auch veröffentlicht unter dem Titel in: Unternehmensdatenmodell (UDM) als Grundlage integrierter Informationssysteme, in: ZfB, 58. Jg., 1988, Nr. 10, S. 1091 - 1114.
Auch veröffentlicht unter dem Titel: Unternehmensweite Datenmodellierung als Voraussetzung für ein strategisches Informationsmanagement, in: CW-Publikationen (Hrsg.), Europäische Kongreßreihe über Informationsmanagement, Management-Informations-Systeme, München 1989, S. 47 - 64 (Vortrag am 10./11.05.1989 bei CW in München).

Das Rechnungswesen in den Integrationstrends der Datenverarbeitung, in: Scheer, A.-W. (Hrsg.), Rechnungswesen und EDV, Physica-Verlag, Heidelberg 1988, S. 3 - 22.

CIM im Mittelstand - Herausforderung und Chance, in: Frankfurter Allgemeine Zeitung, 1988, Nr. 161, S. 7.

Was kostet die Welt? Mit CAD konstruieren und kalkulieren, in: Konstruktion & Elektronik, 1988, Nr. 43, S. 3.

Neues Gewicht für Planungs- und Steuerungsfunktionen, in: Frankfurter Allgemeine Zeitung, 1988, Nr. 122, S. 7.

Dialog-Info-Systeme für unstrukturierte Ad-hoc-Entscheidungen: DV-Methode macht das Marketing schneller, in: Computerwoche, 15. Jg., 1988, Nr. 42, S. 34 - 36.

Der Integrations-Trend geht zu Integration-Enterprise: US-Industrie ist in CIM-Aufbruchstimmung, in: Computerwoche, 15. Jg., 1988, Nr. 43, S. 80 - 87.

Present Trends of the CIM Implementation (A qualitative Survey), Veröffentlichungen des Instituts für Wirtschaftsinformatik, 1988, Nr. 57, 21 S.

CIM in den USA - Stand der Forschung, Entwicklung und Anwendung, Veröffentlichungen des Instituts für Wirtschaftsinformatik, 1988, Nr. 58, 56 S.

Eigene Erfahrungen sind Basis für die Produktpolitik: CIM-Aktivitäten von Hewlett Packard, in: Computerwoche, 15. Jg., 1988, Nr. 48, S. 50 - 55.

Einführung in den Themenbereich Expertensysteme, in: Jacob, H. u.a. (Hrsg.), Schriften zur Unternehmensführung, Betriebliche Expertensysteme I, Bd. 36, Gabler Verlag, Wiesbaden 1988, S. 5 - 27 (zusammen mit D. Steinmann).

Konzeption zur Integration wissensbasierter Anwendungen in konventionelle Systeme der Produktionsplanung und -steuerung (PPS) im Bereich der Fertigungssteuerung, in: Jacob, H. u.a. (Hrsg.), Schriften zur Unternehmensführung, Betriebliche Expertensysteme II, Bd. 40, Gabler Verlag, Wiesbaden 1988, S. 83 - 122 (zusammen mit D. Steinmann).

Konzeption und Realisierung eines Expertenunterstützungssystems im Controlling, Veröffentlichungen des Instituts für Wirtschaftsinformatik, 1989, Nr. 60, 31 S. (zusammen mit W. Kraemer).

Organisatorische Konsequenzen des Einsatzes von Computer Aided Design (CAD) im Rahmen von CIM, Veröffentlichungen des Instituts für Wirtschaftsinformatik, 1989, Nr. 61, 44 S. (zusammen mit R. Bartels, G. Keller).

Der Mittelstand - der ideale CIM-Anwender, Vortrag zur CIM-Fachtagung am 22./23.02.1989 in Saarbrücken, in: Scheer, A.-W. (Hrsg.), CIM im Mittelstand, Springer-Verlag, Berlin-Heidelberg-New York-London-Paris-Tokyo 1989, S. 1 - 15.

Beim näheren Hinsehen zeigen sich die Unterschiede (Interview), in: FOCUS, Beilage (1/89) zur Computerwoche vom 24.03.1989, S. 19 - 23.

PPS und Wissensbasierte Systeme, Teil I, in: CAD-CAM REPORT, 8. Jg., 1989, Nr. 4, S. 108 - 115, Teil II, in: CAD-CAM REPORT, 8. Jg., 1989, Nr. 5, S. 52 - 61.

Chancen auf Dauer, in: Computer Magazin, 18. Jg., 1989, Nr. 4, S. 23 - 26.

Unternehmensdatenmodell als Instrument des Managements, in: Handelsblatt, Nr. 65, 4.4.1989, S. 13.

Unternehmensdatenmodell (UDM) - Ausweg aus den EDV-Widersprüchen, in: Frankfurter Allgemeine Zeitung, Blick durch die Wirtschaft, 25.4.1989, Nr. 80, S. 8.
Auch veröffentlicht unter dem Titel: Ausweg aus den EDV-Widersprüchen, in: Computerwoche-Extra, Nr. 3, 30.6.1989, S. 20 - 22, 27.

Betriebswirtschaftliche CIM-Konzepte, in: IBM (Hrsg.), Hochschulkongreß '89, Informationsverarbeitung in Hochschule, Forschung und Industrie, Dokumentation, Band 1: Referate, Berlin 1989, Referat Nr. 137, 14 S. (Vortrag beim IBM Hochschulkongreß '89 vom 26.- 28.4.1989 in Berlin).

Unternehmensdatenmodell (UDM): Verbindung von Allgemeiner BWL und integrierter Informationsverarbeitung, in: Adam, D. u.a. (Hrsg.): Integration und Flexibilität, Eine Herausforderung für die Allgemeine Betriebswirtschaftslehre, Gabler Verlag, Wiesbaden 1990, S. 227 - 247 (Vortrag zur 51. Wissenschaftlichen Jahrestagung des Verbandes der Hochschullehrer für Betriebswirtschaftslehre e.V. 1989 in Münster am 18.5.1989).

Maßgeschneidert - Strategie zum Einführen der flexiblen Fertigung in mittelständischen Unternehmen, in: Maschinenmarkt, Nr. 27, 4. Juli 1989, S. 34 - 40.

Simulation als Entscheidungsunterstützungsinstrument in CIM, Veröffentlichungen des Instituts für Wirtschaftsinformatik, 1989, Nr. 62, 49 S. (zusammen mit M. Zell).

Unternehmens-Datenbanken - Der Weg zu bereichsübergreifenden Datenstrukturen, Veröffentlichungen des Instituts für Wirtschaftsinformatik, 1989, Nr. 63, 24 S.

Strategische CIM-Konzeption durch Eigenentwicklung von CIM-Modulen und Einsatz von Standardsoftware, Veröffentlichungen des Instituts für Wirtschaftsinformatik, 1989, Nr. 64, 40 S. (zusammen mit C. Berkau, W. Kraemer).

Entwicklungsstand von Leitständen, Veröffentlichungen des Instituts für Wirtschaftsinformatik, 1989, Nr. 65, 35 S. (zusammen mit A. Hars).

Betriebsübergreifende Vorgangsketten und Informationssysteme, in: CIM Management, Nr. 3, 1989, S. 4 - 9 (zusammen mit W. Kraemer).

Betriebswirtschaftliche Konsequenzen von CIM, in: Didactum, 1989, Nr. 7, S. 30 - 35.

CIM für den Mittelstand Vorgehensweise, Lösungen, in: Möcklinghoff, R. (Hrsg.), Produktion: Lösungen und Integration im Unternehmen, Online GmbH Velbert 1989, S. VIII-9-01 - VIII-9-18.

Technologieplanung für computergestützte Produktionstechniken, in: Wildemann, H. (Hrsg.): Fabrikplanung, Neue Wege - aufgezeigt von Experten aus Wissenschaft und Praxis, Frankfurter Allgemeine Zeitung, Blick durch die Wirtschaft, Frankfurt 1989, S. 167 - 180.

Technologieplanung für computergestützte Produktionstechnik, in: Wildemann, H. (Hrsg.), Fabrikplanung, Frankfurt 1989, S. 167 - 180.

Unternehmensweite Datenmodellierung als Voraussetzung für ein strategisches Informationsmanagement, in: CW-Publikationen (Hrsg.), Europäische Kongreßreihe über Informationsmanagement, Management-Informations-Systeme, München 1989, S. 47 - 64.

Wie beeinflußt CIM das Rechnungswesen? in: io Management Zeitschrift, 58 (1989) Nr. 6, S. 81 - 84 (zusammen mit W. Kraemer).

CIM und Logistik - Antworten auf die Herausforderung, in: Technika, 38. Jg., 1989, Nr. 12, S. 28 - 31.

Information prägt das Betriebs-Profil, in: VDI nachrichten, 43. Jg., 1989, Nr. 23, S. 28.

CIM-Leitzentrum: Mehr Schein als Sein, in: Computer Magazin, 18. Jg., 1989, Nr. 6./7, S. 7.

Wissensbasiertes Controlling, in: IM, 4. Jg., 1989, Nr. 2, S. 6 - 17 (zusammen mit W. Kraemer).

Relationale Datenbanksysteme: Der Methodenstreit ist zu Ende - aber was nun?, in: Scheer, A.-W. (Hrsg.), Praxis relationaler Datenbanken, Fachtagung, Saarbrücken, 1./2. Juni 1989, Saarbrücken 1989, S. 27 - 47.

Von der Forschung bis zur Marktreife, in: Blick durch die Wirtschaft, 32. Jg., 1989, Nr. 132, S. 1.

Information Management bei der Produktentwicklung, in: IM, 4. Jg., 1989, Nr. 3, S. 6 - 11.

Simultane Produktentwicklung: CIM verändert die Entwicklungskette, in: THEXIS, 1989, Nr. 4, S. 58 - 61.

Simultane Produktentwicklung ersetzt die sequentielle Time-to-market wird Wettbewerbsfaktor im Maschinenbau, in: VDI nachrichten, 43. Jg., 1989, Nr. 39, S. 36.

Y-CIM-Informations-Management, in: CIM Management, 1989, Nr. 5, S. 56 - 62.

In Saarbrücken arbeiten Studenten am Unternehmen der Zukunft, in: Frankfurter Allgemeine Zeitung, 1989, Nr. 195, S. 18.

Interaktive Fertigungssteuerung teilautonomer Bereiche, in: K. Kurbel/P. Mertens/A.-W. Scheer (Hrsg.), Interaktive betriebswirtschaftliche Informations- und Steuerungssysteme, Walter de Gruyter-Verlag, Berlin-New York 1989, S. 41 - 68 (zusammen mit R. Herterich und M. Zell).

Unternehmensdatenmodell - Voraussetzungen integrierter Informationsverarbeitung der 90er Jahre, in: A.-W. Scheer (Hrsg.): Rechnungswesen und EDV, 10. Saarbrücker Arbeitstagung, Physica-Verlag, Heidelberg 1989, S. 3 - 29.

Informationssysteme im Griff, in: UNIT, Computerwoche, WS 1989/90, 1989, Nr. 2, S. 46 und 48.

Informationstechnologie und Unternehmensstrategien: Mit CIM strategische Vorteile erzielen, in: Gabler Magazin, 1989, Nr. 12, S. 16 - 20.

Im Daten-Haus der Zukunft herrscht Transparenz, in: Computerwoche, 16. Jg., 1989, Nr. 50, S. 12.

CIM-Perspektiven in den 90er Jahren, in: Computerwoche Extra, 1989, Nr. 5, S. 28 - 29.

Planungs- und Steuerungssysteme für Fertigungsinsel, in: ZWF-CIM, 84. Jg., 1989, Nr. 12, S. 696 - 701 (zusammen mit S. Kern, Th. Ruffing).

Unternehmensmodell (UDM): Verbindung von Allgemeiner BWL und integrierter Informationsverarbeitung, in: D. Adam (Hrsg.): Integration und Flexibilität, Gabler-Verlag, Wiesbaden 1990, S. 227 - 227 (Vortrag: Hochschullehrertagung am 18.05.1989 in Münster).

Das Informationsmanagementsystem INMAS - ein Wegbereiter für CIM, in: E. Zahn (Hrsg.): Organisationsstrategie und Produktion, Forschungsbericht 2, HAB e. V., gfmt-Verlag, München 1990, S. 425 - 456 (Vortrag: HAB-Workshop am 15.11.89 in Frankfurt).

Vorgehensweise für eine systematische CIM-Einführung - die Y-CIM-Strategie, in: Scheer, A.-W. (Hrsg.): CIM im Mittelstand, Springer-Verlag, Berlin-Heidelberg-New York-London-Paris-Tokyo 1990, S. 1 - 17 (Vortrag: CIM-Fachtagung am 14./15.02.1990 in Saarbrücken).

Können datenorientierte Infosysteme der Kern für praktikable integrierte Lösungen sein? in: H. Bäck (Hrsg.), Der informierte Manager, Verlag TÜV-Rheinland, Köln 1990, S. 49 - 71 (Vortrag: Fachkongreß am 06.06.1990 in Loeben).

Daten- und Prozeßmodelle als Grundlage der Systementwicklung der 90er Jahre, in: msp (Hrsg.): AD/Cycle - eine Herausforderung für das Informationsmanagement der 90er Jahre, Berlin 1990, S. 7.1 - 7.18 (Vortrag: 2. MSP Informationsmanagement Kongreß am 15.09.1990 in Berlin).

Dezentrale Fertigungssteuerung, in: H.-J. Friemel u.a. (Hrsg.): Wissenschaft und Technik, Springer-Verlag, Berlin u.a. 1990, S. 358 - 366 (Vortrag: Forum '90 Wissenschaft und Technik am 08./09.10.1990 in Trier).

Datenmodelle: Wichtigster Baustein für die Gestaltung von Datenbanken, Anwendungssoftware und Integrationskonzepten, in: A.-W. Scheer (Hrsg.): Datenbanken 1990, Praxis relationaler Datenbanken, Saarbrücken 1990, S. 137 - 154 (Vortrag: IDS-Tagung Datenbanken 1990 am 29./30.05.1990 in Saarbrücken).

Datenstruktur einer graphikunterstützten Simulationsumgebung für die dezentrale Fertigungssteuerung, in: Reuter, A. (Hrsg.), GI - 20. Jahrestagung II, Informatik auf dem Weg zum Anwender, Proceedings, Springer-Verlag, Berlin u.a. 1990, S. 26 - 35 (zusammen mit M. Zell).

Wissensbasierte Kosteninformationssysteme - Ansätze zum Aufbau eines intelligenten Kostenkontrollsystems, in: Reuter, H. (Hrsg.), GI - 20. Jahrestagung II, Informatik auf dem Weg zum Anwender, Proceedings, Springer-Verlag, Berlin u.a. 1990, S. 87 - 96 (zusammen mit W. Kraemer).

Computer Integrated Manufacturing (CIM), in: Kurbel, K., Strunz, H. (Hrsg.), Handbuch Wirtschaftsinformatik, C. E. Poeschel Verlag, Stuttgart 1990, S. 47 - 68.

CIM: Eigenentwicklung oder Standardsoftware? in: Österle, H. (Hrsg.), Integrierte Standardsoftware: Entscheidungshilfen für den Einsatz von Softwarepaketen, Band 1, AIT Verlag, München 1990 S. 79 - 106 (zusammen mit C. Berkau, W. Kraemer)

Von CIM zu Datenbank der Unternehmung, in: wisu, das wirtschaftsstudium, 19. Jg., 1990, Nr. 1, S. 43 - 48.

Informationstransfer, Integration: UNIX und CIM, in: iX, Multiuser Multitasking Magazin, 1990, Nr. 3, S. 38 - 45 (zusammen mit R. Brombacher).

Betriebsdatenerfassung als Voraussetzung zeitnaher PPS-Funktionen, in: Computer Magazin, 19. Jg., Nr. 1/2, S. 29 - 32.

INMAS - individuell konfigurierbare Schnittstelle, in: IM, 5. Jg., 1990, Nr. 1, S. 16 - 26 (zusammen mit R. Herterich, J. Klein).

Konzeption eines Rahmensystems für einen universellen Konstruktionsberater, in: IM, 5. Jg., 1990, Nr. 1, S. 70 -78 (zusammen mit M. Bock, R. Bock).

Unternehmensdatenmodell, in: IM, 5. Jg., 1990, Nr. 1, S. 90 - 94.

Fabrik der Zukunft verlangt neues Denken, in: UNIT, CW-Uni-Service, 1. Jg., 1990, Nr. 2, S. 1 und 2.

PPS im Umbruch, in: Computerwoche, FOCUS, 1990, Nr. 2, S. 4 - 5.

CIM zwischen Anspruch und Wirklichkeit. Integrierte Fertigung ist keine Domäne der Großindustrie, Beitrag z. Hann. Messe, in: VDI nachrichten, 44. Jg., 1990, Nr. 17, S. 35. Auch veröffentlicht unter dem Titel: CIM-Ruinen sind nicht zu übersehen, in: Computerwoche Extra, 1990, Nr. 6, S. 6 - 7.

Unternehmensdatenmodelle sichern, integrierte Informationsverarbeitung, in: Fokus Digital Kundenmagazin, 1990, Nr. 1, S. 26 - 27.

Unternehmensdatenmodell: Die Software-Entwicklung für die Unterstützung komplexer Unternehmensprozesse befindet sich im Umbruch, in: IBM Nachrichten, 40. Jg., 1990, Nr. 302, S. 22 - 28.

Konzept für ein betriebswirtschaftliches Informationsmodell, in: ZfB, 60. Jg., 1990, Nr. 10, S. 1015 - 1030.

Rechnergestützte Entwicklung eines EDV-technischen CIM-Konzeptes, in: CIM Management, 1990, Nr. 2, S. 64 - 69 (zusammen mit H. Heß, W. Jost).

Interview über CIM, in: HZ Deutsches Wirtschaftsblatt, 42. Jg., 1990, Nr. 11, S. T1.

Meinungsspiegel, in: Sieben, G. u.a. (Hrsg.), BFUP, Wirtschaftskriminalität im Informationszeitalter, Verlag Neue Wirtschafts-Briefe, Herne/Berlin 1990, S. 217 - 218.

Vom Informationsmodell zum integrierten Informationssystem, in: IM, 5. Jg., 1990, Nr. 2, S. 6 - 16.

Grafikunterstützte Simulation in der Fertigungssteuerung - Ein Ansatz zur strukturierten Informationsverarbeitung, in: Wirtschaftsinformatik, 32. Jg., 1990, Nr. 2, S. 168 - 175 (zusammen mit M. Zell).

Struktur einer integrierten Simulationsumgebung für die Fertigungssteuerung, in: IM, 5. Jg.,1990, Nr. 3, S. 56 - 64 (zusammen mit M. Zell).

Integrationsschwerpunkt "CIM-Qualifikation", in: Personal, 42. Jg., 1990, Nr. 6, S. 244 - 249 (zusammen mit G. Keller, M. Nüttgens).

CIMAN - Konzeption eines DV-Tools zur Gestaltung einer CIM-orientierten Unternehmensarchitektur, Veröffentlichungen des Instituts für Wirtschaftsinformatik, 1990, Nr. 66, 43 S. (zusammen mit W. Jost, G. Keller).

Modellierung betriebswirtschaftlicher Informationssysteme (Teil 1: Logisches Informationsmodell), Veröffentlichungen des Instituts für Wirtschaftsinformatik, 1990, Nr. 67, 44 S.

Konzeption zur personalorientierten CIM-Einführung, Veröffentlichungen des Instituts für Wirtschaftsinformatik, 1990, Nr. 69, 44 S. (zusammen mit R. Bartels, G. Keller).

Expertensystem zu konstruktionsbegleitenden Kalkulation, Veröffentlichungen des Instituts für Wirtschaftsinformatik, 1990, Nr. 73, 57 S. (zusammen mit M. Bock, R. Bock).

Konstruktionsbegleitende Kalkulation mit Expertensystem-Unterstützung, in: Zeitschrift für wirtschaftliche Fertigung und Automatisierung, 85. Jg., 1990, Nr. 11, S. 576 - 579 (zusammen mit M. Bock, R. Bock).

Ein personalorientierter Ansatz zur CIM-Einführung, in: CIM Management, 1990, Nr. 6, S. 42 - 48 (zusammen mit R. Bartels, G. Keller).

Entwicklungsstand von Leitständen, in: VDI-Z, 132. Jg., 1990, Nr. 3, S. 20 - 26 (zusammen mit A. Hars).

Ein Gruppenkonzept zur CIM-Einführung, Veröffentlichungen des Instituts für Wirtschaftsinformatik, 1991, Nr. 74, 43 S. (zusammen mit R. Bartels).

CIM-Qualifizierungskonzept für Klein- und Mittelunternehmen (KMU), Veröffentlichungen des Instituts für Wirtschaftsinformatik, 1991, Nr. 75, 27 S. (zusammen mit M. M. Nüttgens, St. Eichacker).

Konsequenzen für die Betriebswirtschaftslehre aus der Entwicklung der Informations- und Kommunikationstechnologien, 1991, Nr. 79, 23 S.

Universitäten verpassen den Zug der Zeit, in: Wirtschafts Woche, 45. Jg., 1991, Nr. 7 S. 84 - 87.

Konzeption eines DV-Tools im Rahmen der CIM-Planung, in: ZfB, 61. Jg., 1991, Nr. 1, S. 33 - 64 (zusammen mit W. Jost. G. Keller).

Wie vermeidet man CIM-Ruinen? Architektur für eine sichere CIM-Einführung, in: Scheer, A.-W. (Hrsg.): CIM im Mittelstand, Springer-Verlag, Berlin-Heidelberg-New York-London-Paris-Tokyo 1991, S. 1 - 14 (Vortrag: CIM-Fachtagung am 20./21.02.1991 in Saarbrücken).

Expertensysteme und Executive-Information-Systeme im Controlling - Eine neue Qualität der Informationsversorgung im Unternehmen? in: Österreichisches Controller-Institut (Hrsg.): Controlling-Software für den PC, Wien 1991, S. 63 - 97 (Vortrag: Kongreß Controlling-Software für den PC am 19.04.1991 in Wien).

Mehr über Zusammenhänge nachdenken (Interview), in: Computerwoche Extra, 1991, Nr. 2, S. 12 - 13.

Die Software-Entwicklung ist auf bessere Methoden angewiesen,
Teil 1 in: Computerwoche, 18. Jg., 1991, Nr. 10, S. 124 - 127.
Teil 2 in: Computerwoche, 18. Jg., 1991, Nr. 11, S. 47 - 50.

Datenstrukturierung - Grundlage der Gestaltung betrieblicher Informationssysteme, in: IM, 6. Jg., 1991, Nr. 1, S. 38 - 46
(zusammen mit A. Hars).

INMAS Kopplung von con CIM-Komponenten -ein eupopäisches Projekt, in: HMD, 28. Jg., 1991, Nr. 157, S. 22 - 34 (zusammen mit H. Heß).

BWL für Manager:
Teil 1: Wirtschaftsinformatik: eine junge Wissenschaft, in: FAZ, Blick durch die Wirtschaft, 34. Jg., 1991, Nr. 83, S. 1,
Teil 2: Branchenkonzepte, wie vom Rechner verlangt, in: FAZ, Blick durch die Wirtschaft, 34. Jg., 1991, Nr. 91, S. 1,
Teil 3: Die Entwicklung von Informationssystemen, in: FAZ, Blick durch die Wirtschaft, 34. Jg., 1991, Nr. 100, S. 1.

CIM in Brasilien, in: Information Management, 6. Jg., 1991, Nr. 2, S. 64 - 69.

Analyse der Umsetzung einer EDI-Konzeption am Beispiel der Schaffungslogistik in der Automobilzulieferindustrie, in: Information Management, 6. Jg., 1991, Nr. 2, S. 30 - 37 (zusammen mit C. Berkau, Ch. Kruse).

Konzeption einer Expertensystemshell zu konstruktionsbegleitenden Kalkulation, in: Information Management, 6. Jg., 1991, Nr. 2, S. 50 - 63 (zusammen mit M. Bock, R. Bock).

2   Herausgebertätigkeiten

2.1   Tagungsbände (Auszug)

Rechnungswesen und EDV.
6. Saarbrücker Arbeitstagung, Physica-Verlag, Würzburg-Wien 1985, 519 S. (zusammen mit W. Kilger).

Rechnungswesen und EDV.
7. Saarbrücker Arbeitstagung, Physica-Verlag, Heidelberg 1986, 626 S. (zusammen mit W. Kilger).

Rechnungswesen und EDV.
8. Saarbrücker Arbeitstagung, Physica-Verlag, Heidelberg 1987, 640 S.

Rechnungswesen und EDV. Integrierte Informationsverarbeitung.
9. Saarbrücker Arbeitstagung, Physica-Verlag, Heidelberg 1988, 509 S.

Computer Integrated Manufacturing. Einsatz in der mittelständischen Wirtschaft.
Fachtagung, Saarbrücken 1988, Springer-Verlag, Berlin-Heidelberg-New York-London-Paris-Tokyo 1988, 286 S.

Rechnungswesen und EDV. Rechnungswesen im Unternehmen der 90er Jahre.
10. Saarbrücker Arbeitstagung, Physica-Verlag, Heidelberg 1989, 491 S.

CIM im Mittelstand.
Fachtagung, Saarbrücken 1989, Springer-Verlag, Berlin-Heidelberg-New York-London-Paris-Tokyo 1989, 277 S.

Praxis relationaler Datenbanken.
Fachtagung, Saarbrücken, 1./2. Juni 1989, IDS-Kolleg, Saarbrücken 1989, 253 S.

Rechnungswesen und EDV. Wandel der Kalkulationsobjekte.
11. Saarbrücker Arbeitstagung, Physica-Verlag, Heidelberg 1990, 644 S.

CIM im Mittelstand.
Fachtagung, Saarbrücken 1990, Springer-Verlag, Berlin-Heidelberg-New York-London-Paris-Tokyo-Hong Kong 1990, 270 S.

CIM im Mittelstand.
Fachtagung, Saarbrücken 1991, Springer-Verlag, Berlin-Heidelberg-New York-London-Paris-Tokyo-Hong Kong 1991, 242 S.

2.2 Festschriften

Grenzplankostenrechnung. Stand und aktuelle Probleme.
Festschrift für Hans Georg Plaut, Gabler Verlag, Wiesbaden 1988.

2.3 Buchreihen

Wirtschaftsinformatik und Quantitative Betriebswirtschaftslehre.
Minerva Publikationen, München
(zusammen mit D. B. Pressmar, Ch. Schneeweiß, H. Wagner).

Betriebs- und Wirtschaftsinformatik.
Springer-Verlag, Berlin-Heidelberg-New York-London-Paris-Tokyo
(zusammen mit H. R. Hansen, H. Krallmann, P. Mertens, D. Seibt, P. Stahlknecht, H. Strunz, R. Thome).

2.4 Einzelwerke

CIM-Strategie als Teil der Unternehmensstrategie, Springer-Verlag, Berlin-Heidelberg-New York, Verlag TÜV Rheinland, Köln 1990, 219 S.

2.5 Nachschlagewerke

Lexikon der Wirtschaftsinformatik.
Springer-Verlag, Berlin-Heidelberg-New York-London-Paris-Tokyo,
1. Aufl. 1987
(zusammen mit P. Mertens (Haupthrsg.), H.do R. Hansen, H. Krallmann, D. Seibt, P. Stahlknecht, H. Strunz, R. Thome, H. Wedekind),
2. Aufl. 1990
(zusammen mit P. Mertens (Haupthrsg.), W. König, H. Krallmann, D. Seibt, P. Stahlknecht, H. Strunz, R. Thome, H. Wedekind).

2.6   Zeitschriften

CIM-Management, Oldenbourg-Verlag, München

Information Management, IDG Communications Verlag, München

Schriften zur Unternehmensführung, Gabler Verlag, Wiesbaden

Controlling, Verlag C. H. Beck Vahlen, München-Frankfurt (ab 1991)

Journal of Systems Integration, Kluwer Academic Publishers, Hingham, MA (ab 1991)

OR-Spektrum

Die Autoren

Prof. Dr. Helmut Krcmar ist Lehrstuhlinhaber für Wirtschaftsinformatik
an der Universität Hohenheim,
Stuttgart

Dr. Uschi Gröner wird ab Herbst 1991
Lehrstuhlinhaberin für Betriebsinformatik an
der Fachhochschule Dortmund sein

Prof. Dr. Udo Venitz ist Lehrstuhlinhaber für
Allgemeine Betriebswirtschaftslehre,
insbesondere Logistik, an der Fachhochschule Rheinland-Pfalz

Prof. Dr. Christian Petri ist Lehrstuhlinhaber
für Informatik an der Fachhochschule
Würzburg-Schweinfurt

Dr. Alexander Pocsay ist Geschäftsführer der
IDS Prof. Scheer Gesellschaft für integrierte
Datenverarbeitungssysteme mbH,
Saarbrücken

Die Autoren

Dr. Wolfram Ischebeck ist General-
bevollmächtigter der IBM Deutschland GmbH

Dr. Claus Helber ist kaufmännischer Leiter
des Werkes Viersen der Robert Bosch AG
sowie der Robert Bosch Verpaakings-
machines BV, Weert Nederland

Dr. h. c. Hasso Plattner ist Stellvertretender
Vorstandsvorsitzender der SAP AG, Walldorf

Dr. Reinhard Brombacher ist Bereichsleiter
Informationsmanagement bei der IDS Prof.
Scheer Gesellschaft für integrierte Daten-
verarbeitungssysteme mbH, Saarbrücken

Prof. Dr. Jörg Becker ist Lehrstuhlinhaber für Wirtschaftsinformatik
an der Universität Münster